大学计算机应用技术——实践教程

University Computer Application Technology

王勇 韩永印 主编

人民邮电出版社

北京

图书在版编目（CIP）数据

大学计算机应用技术实践教程 / 王勇，韩永印主编
. -- 北京 : 人民邮电出版社，2013.9（2015.9 重印）
ISBN 978-7-115-32631-7

Ⅰ. ①大… Ⅱ. ①王… ②韩… Ⅲ. ①电子计算机－
高等学校－教材 Ⅳ. ①TP3

中国版本图书馆CIP数据核字(2013)第214915号

内 容 提 要

本书是多位长期从事计算机基础教育的老师在总结大学计算机基础课程教学经验的基础上，参照全国计算机等级考试一级（Windows 7 +Office 2010）大纲的要求，紧密结合职业技能培养特点和普通高等院校的教学实际进行编写，重点突出对学生实际应用能力的培养。

本书采用任务驱动式案例教学法编写，全书共 8 章，主要内容包括计算机操作知识、Windows 7 操作系统、Word 2010 文字处理、Excel 2010 电子表格、演示文稿制作软件 PowerPoint 2010 演示文稿、网络基础与Internet 应用、常用工具软件和 Photoshop CS5 图像处理等。本书除了覆盖全国计算机等级考试一级大纲考点外，还兼顾常用计算机操作技能和知识。力求内容新颖、技术实用、通俗易懂，使学生在短时间内掌握计算机实用技术和操作技巧。

本书的最大特点是实用性和可操作性强，既可作为高等院校、职业院校计算机基础课程的实践指导教材，也可作为计算机技术培训用书和计算机爱好者自学用书。

◆ 主　　编　王　勇　韩永印
　　责任编辑　王亚娜
　　执行编辑　张海生
　　责任印制　张佳莹　焦志炜

◆ 人民邮电出版社出版发行　　北京市丰台区成寿寺路 11 号
　　邮编　100164　　电子邮件　315@ptpress.com.cn
　　网址　http://www.ptpress.com.cn
　　三河市海波印务有限公司印刷

◆ 开本：787×1092　1/16
　　印张：16.25　　　　　　　2013 年 9 月第 1 版
　　字数：439 千字　　　　　　2015 年 9 月河北第 6 次印刷

定价：35.00 元

读者服务热线：(010)81055256　印装质量热线：(010)81055316
反盗版热线：(010)81055315

前言

随着计算机技术的发展，计算机现已深入到人们生活的各个方面，学习计算机相关知识，掌握计算机的操作技能，运用计算机解决日常生活中的实际问题，已成为在校大学生必备的技能之一。计算机基础教育是大学生素质教育的重要环节之一，是教育部规定的大学生基础教育的必修课程。为更好适应高等职业教育的发展要求，使计算机教育更加贴近学生学习的实际需求，依据全国计算机等级考试（一级）2013 年考试大纲的要求，本书结合高职院校计算机教学的实际情况，科学组织教学内容，引导学生由浅入深、由易到难地学习和掌握计算机技术的基础知识和操作技能。

本书是《大学计算机应用技术》的配套教材，从实验操作的内容、方法和步骤等方面入手，让学生进一步加深对计算机知识的理解，让学生在掌握基本理论的基础上，进一步提高动手操作能力。

本书主要特点：

- 内容全面，重点突出。本书内容密切结合了国家教育部关于该课程的基本教学要求，兼顾计算机软硬件的最新发展和计算机实用技能。内容涉及办公自动化软件等计算机应用领域的典型操作案例，详细地介绍了视窗操作系统和办公软件的功能与应用，既可以让读者完整地掌握软件的应用技能，又可以做到循序渐进，重点突出，从而更好地帮助读者掌握 Windows 7 系统和 Office 2010 各软件的技巧与方法。

- 结构严谨，层次分明。每个实验案例分为参考实验学时、实验目的、相关理论知识、实验内容和实验拓展五个部分，更好地适应了广大师生的教学和自学。

- 突出实践特色，符合学习规律：本书作为大学计算机基础教材，真正做到"做中学、学中做"，让学生在完成一个个实际操作案例的过程中掌握计算机的基础知识。不管是对于初学者还是有一定基础的读者，均能做到只要按步骤练习就能达到令人满意的最终效果。

本书读者对象：

本书语言叙述顺畅、精炼，按照基于工作过程的要求，突出了实战性，整体以从易到难的编排方法，内容全面、丰富，结果合理、清晰，实例众多，图文并茂，适合于以下的读者对象：

大中专院校相关专业师生；

办公自动化培训班学员；

业余计算机技术爱好者。

本书实验案例除计算机等级考试（一级 Windows 7+Office 2010）范围内的知识点外，也提供了部分范围外的知识点，供补充学习。

本书由王勇、韩永印等编著，其中王勇、韩永印任主编，崔鹏飞、耿飞、裴珊珊任副主编，朱作付任主审。参加本书编写工作的还有张安琳和陈慧。教材两部分对应各章的内容编写安排是，第 1 章由韩永印编写，第 2 章、第 8 章由耿飞编写，第 3 章、第 4 章由裴珊珊编写，第 5 章、第 6 章由崔鹏飞编写，第 7 章由王勇编写。朱作付和王勇负责本书的统稿和组织工作。

在本书的编写和出版过程中得到了徐州工业职业技术学院、江苏农林职业技术学院、江苏师范大学和徐州经贸高等职业学校等单位老师的大力支持和帮助，在此由衷地向他们表示感谢！

在编写过程中，我们参考了有关教材和某些网站的教学资料，在此一并表示衷心感谢！

由于时间紧张，加之编者水平有限，恳请广大读者对书中存在的问题给予批评指正！

编　者
2013 年 7 月

目录

CONTENTS 目录

目录

实验一　键盘及指法练习

一、实验目的

- 熟悉键盘的构成以及各键的功能和作用。
- 了解键盘的键位分布并掌握正确的键盘指法。
- 掌握指法练习软件"金山打字通"的使用。

二、相关知识

1. 键盘

键盘是用户向计算机输入数据和命令的工具。随着计算机技术的发展，输入设备越来越丰富，但键盘的主导地位却是替换不了的。正确地掌握键盘的使用，是学好计算机操作的第一步。键盘通常分 5 个区域，即主键盘区、功能键区、编辑键区、小键盘区（辅助键区）和状态指示区，如图 1-1 所示。

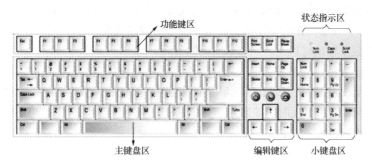

图 1-1　键盘示意图

（1）主键盘区

① 字母键：在主键盘区的中心区域，按下字母键，屏幕上就会出现对应的字母。

② 数字键：在主键盘区上面第二排，直接按下数字键，可输入数字；按住<Shift>键不放，再按数字键，可输入数字键中数字上方的符号。

③ Tab（制表键）：按此键一次，光标后移一固定的字符位置（通常为 8 个字符）。

④ Caps Lock（大小写转换键）：输入字母为小写状态时，按一次此键，键盘右上方 Caps Lock 指示灯亮，输入字母切换为大写状态；若再按一次此键，指示灯灭，输入字母切换为小写状态。

⑤ Shift（上挡键）：有的键面有上下两个字符，称双字符键。当单独按这些键时，则输入下挡字符。若先按住<Shift>键不放，再按双字符键，则输入上挡字符。

⑥ Ctrl、Alt（控制键）：与其他键配合实现特殊功能的控制键。

⑦ Space（空格键）：按此键一次产生一个空格。

⑧ Backspace（退格键）：按此键一次删除光标左侧一个字符，同时光标左移一个字符位置。

⑨ Enter（回车换行键）：按此键一次可使光标移到下一行。

（2）功能键区

① F1～F12（功能键）：在键盘上方区域，通常将常用的操作命令定义在功能键上，不同的软件中功能键有不同的定义。例如，<F1>键通常定义为帮助功能。

② Esc（退出键）：按下此键可放弃操作，如汉字输入时可取消没有输完的汉字。

③ Print Screen（打印键/拷屏键）：按此键可将整个屏幕复制到剪贴板；按<Alt> + <Print Screen>组合键可将当前活动窗口复制到剪贴板。

④ Scroll Lock（滚动锁定键）：该键在 DOS 时期用处很大，在阅读文档时，使用该键能非常方便地翻滚页面。随着技术的发展，在进入 Windows 时代后，Scroll Lock 键的作用越来越小，不过在 Excel 软件中，利用该键可以在翻页键（如<PgUp>和<PgDn>）使用时只滚动页面而单元格选定区域不随之发生变化。

⑤ Pause Break（暂停键）：用于暂停执行程序或命令，按任意字符键后，再继续执行。

（3）编辑键区

① Ins/Insert（插入/改写转换键）：按下此键，进行插入/改写状态转换，在光标左侧插入字符或覆盖光标右侧字符。

② Del/Delete（删除键）：按下此键，删除光标右侧字符。

③ Home（行首键）：按下此键，光标移到行首。

④ End（行尾键）：按下此键，光标移到行尾。

⑤ PgUp/PageUp（向上翻页键）：按下此键，光标定位到上一页。

⑥ PgDn/PageDown（向下翻页键）：按下此键，光标定位到下一页。

⑦ ←，→，↑，↓（光标移动键）：分别按下各键使光标向左、向右、向上、向下移动。

（4）小键盘区（辅助键区）

小键盘区各键既可作为数字键，又可作为编辑键。两种状态的转换由该区域左上角的数字锁定转换键<Num Lock>控制，当 Num Lock 指示灯亮时，该区处于数字键状态，可输入数字和运算符号；当 Num Lock 指示灯灭时，该区处于编辑状态，利用小键盘的按键可进行光标移动、翻页和插入、删除等编辑操作。

（5）状态指示区

状态指示区包括 Num Lock 指示灯、Caps Lock 指示灯和 Scroll Lock 指示灯。根据相应指示灯的亮灭，可判断出数字小键盘状态、字母大小写状态和滚动锁定状态。

2．键盘指法

（1）基准键与手指的对应关系

基准键与手指的对应关系如图 1-2 所示。

基准键位：字母键第二排<A>、<S>、<D>、<F>、<J>、<K>、<L>、<；>8 个键为基准键位。

图 1.2　基准键与手指的对应关系

（2）键位的指法分区

在基准键的基础上，其他字母、数字和符号与 8 个基准键相对应，指法分区如图 1-3 所示。虚线范围内的键位由规定的手指管理和击键，左右外侧的剩余键位分别由左右手的小拇指来管理和击键，空格键由大拇指负责。

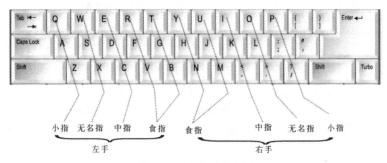

图 1-3　键位指法分区图

（3）击键方法

① 手腕平直，保持手臂静止，击键动作仅限于手指。

② 手指略微弯曲，微微拱起，以<F>与<J>键上的凸出横条为识别记号，左右手食指、中指、无名指、小指依次置于基准键位上，大拇指则轻放于空格键上，在输入其他键后手指重新放回基准键位。

③ 输入时，伸出手指敲击按键，之后手指迅速回归基准键位，做好下次击键准备。如需按空格键，则用大拇指向下轻击；如需按<Enter>键，则用右手小指侧向右轻击。

④ 输入时，目光应集中在稿件上，凭手指的触摸确定键位，初学时尤其不要养成用眼确定指位的习惯。

3. 指法练习软件"金山打字通"

打字练习软件的作用是通过在软件中设置的多种打字练习方式，使练习者由键位记忆到文章练习并掌握标准键位指法，提高打字速度。目前可用的打字软件较多，这里仅以"金山打字通"为例作简要介绍，说明打字软件的使用方法。

三、实验内容

打开"金山打字通"软件，显示如图 1-4 所示的主界面，可以看到在该软件中，提供了英文打字、拼音打字、五笔打字 3 种主流输入法的针对性学习，并可以进行打字速度测试、运行打字游戏等。每种输入法均从最简单的字母或字根开始，逐渐过渡到词组和文章练习，为初学者提供了一个从易到难的学习过程。

图 1-4　金山打字通主界面

图 1-5 "金山打字通"指法练习界面

单击"英文打字"按钮，打开"键位练习（初级）"的练习界面，如图 1-5 所示。根据程序要求，运用键盘进行键位指法内容练习，熟练完成练习内容后，可单击"课程选择"按钮选择软件预先设置的课程内容进行练习。

1. 熟悉基本键的位置

打开"金山打字通"软件，单击"英文打字"按钮，进入"键位练习（初级）"窗口，单击"课程选择"按钮，选择"键位课程一：asdfjkl;"课程，进行基本键位"A、S、D、F、J、K、L、;"的初级练习。熟练掌握后，进入"键位练习（高级）"窗口，单击"课程选择"按钮，选择"键位课程一：asdfjkl;"课程，进行基本键位"A、S、D、F、J、K、L、;"的高级练习。

2. 熟悉键位的手指分工

打开"金山打字通"软件，单击"英文打字"按钮，进入"键位练习（初级）"窗口，单击"课程选择"按钮，选择"手指分区练习"课程，进行手指分区键位的初级练习。熟练掌握后，进入"键位练习（高级）"窗口，单击"课程选择"按钮，选择"手指分区练习"课程，进行手指分区键位的高级练习。

3. 单词输入练习

打开"金山打字通"软件，单击"英文打字"按钮，进入"键位练习（初级）"窗口。单击"单词练习"按钮，打开"单词练习"窗口，按照程序要求进行单词输入练习。

4. 文章输入练习

打开"金山打字通"软件，单击"英文打字"按钮，进入"键位练习（初级）"窗口。单击"文章练习"按钮，打开"文章练习"窗口，按照程序要求进行文章输入练习。

实验二　计算机硬件的认识与连接

一、实验目的

- 认识计算机的基本硬件及组成部件。
- 了解计算机系统各个硬件部件的基本功能。
- 掌握计算机的硬件连接步骤及安装过程。

二、相关知识

计算机的硬件系统由主机、显示器、键盘、鼠标组成，具有多媒体功能的计算机配有音箱、话筒等。除此之外，计算机还可外接打印机、扫描仪、数码相机等设备。

计算机最主要的部分位于主机箱中，如计算机的主板、电源、CPU、内存、硬盘，各种插卡（如显卡、声卡、网卡）等主要部件都安装在机箱中。机箱的前面板上有一些按钮和指示灯，有的还有一些插接口，背面有一些插槽和接口。

三、实验内容

首先在主板的对应插槽里安装 CPU、内存条，如图 1-6 所示，然后把主板安装在主机箱内，再安装硬盘、光驱，接着安装显卡、声卡、网卡等，连接机箱内的接线，如图 1-7 所示，最后连接外部设备，如显示器、鼠标、键盘等。

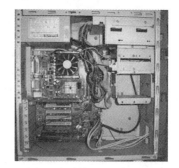

图 1-6　计算机主板　　　　　　　图 1-7　计算机主机箱内部

（1）安装电源

把电源（见图 1-8）放在机箱的电源固定架上，使电源上的螺丝孔和机箱上的螺丝孔一一对应，然后拧上螺丝。

（2）安装 CPU

将主板平置于桌面，CPU（见图 1.9、图 1.10）插槽是一个布满均匀圆形小孔的方形插槽，根据 CPU 的针脚和 CPU 插槽上插孔的位置的对应关系确定 CPU 的安装方向。拉起 CPU 插槽边上的拉杆，将 CPU 的引脚缺针位置对准 CPU 插槽相应位置，待 CPU 针脚完全放入后，按下拉杆至水平方向，锁紧 CPU。之后涂抹散热硅胶并安装散热器，然后将风扇电源线插头插到主板上的 CPU 风扇插座上。

图 1-8　电源

图 1-9　CPU 正面

图 1-10　CPU 背面

（3）安装内存

内存（见图 1-11）插槽是长条形的，内存插槽中间有一个用于定位的凸起部分，按照内存插脚上的缺口位置将内存条压入内存插槽，使插槽两端的卡子可完全卡住内存条。

（4）安装主板

首先将机箱自带的金属螺柱拧入主板支撑板的螺丝孔中，将主板放入机箱，注意主板上的固定孔对准拧入的螺柱，主板的接口区对准机箱背板的对应接口孔，边调整位置边依次拧紧螺丝固定主板。

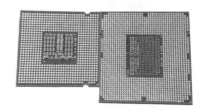

图 1-11　内存

（5）安装光驱、硬盘

拆下机箱前部与要安装光驱位置对应的挡板，将光驱（见图 1-12）从前面板平行推入机箱内部，边调整位置边拧紧螺丝，把光驱固定在托架上。使用同样方法从机箱内部将硬盘（见图 1-13）推入并固定于托架上。

图 1-12　光驱

图 1-13　硬盘

（6）安装显卡、声卡、网卡等各种板卡

图 1-14　显卡

根据显卡（见图 1-14）、声卡（见图 1-15）、网卡（见图 1-16）等板卡的接口（PCI 接口、AGP 接口、PCI-E 接口等）确定不同板卡对应的插槽（PCI 插槽、AGP 插槽、PCI-E 插槽等），取下机箱内部与插槽对应的金属挡片，将相应板卡插脚对准对应插槽，板卡挡板对准机箱内挡片孔，用力将板卡压入插槽中并拧紧螺丝，将板卡固定在机箱上。

图 1-15　声卡

图 1-16　网卡

（7）连接机箱内部连线

① 连接主板电源线：把电源上的供电插头（20 芯或 24 芯）

插入主板对应的电源插槽中。电源插头设计有一个防止插反和固定作用的卡扣，连接时，注意保持卡扣和卡座在同一方向上。为了对 CPU 提供更强更稳定的电压，目前的主板会提供一个给 CPU 单独供电的接口（4 针、6 针或 8 针），连接时，把电源上的插头插入主板 CPU 附近对应的电源插座上。

② 连接主板上的数据线和电源线：包括硬盘、光驱等的数据线和电源线。

a. 硬盘数据线（见图 1-17）。根据硬盘接口类型不同，硬盘数据线也分为 PATA 硬盘采用的 80 芯扁平 IDE 数据排线和 SATA 硬盘采用的七芯数据线。由于 80 芯数据线的接头中间设计了一个凸起部分，七芯数据线接头是 L 型防呆盲插接头设计，因此通过这些可识别接头的插入方向，将数据线上的一个插头插入主板上的 IDE1 插座或 SATA1 插座，将数据线另一端插头插入硬盘的数据接口中，插入方向由插头上的凸起部分或 L 型定位。

图 1-17　数据线

b. 光驱的数据线连接方法与硬盘数据线连接方法相同，把数据排线插到主板上的另一个 IDE 插座或 SATA 插座上。

c. 硬盘、光驱的电源线（见图 1-18）。把电源上提供的电源线插头分别插到硬盘和光驱上。电源插头都是防呆设计的，只有正确的方向才能插入，因此不用担心插反。

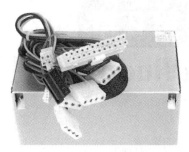

图 1-18　电源线

③ 连接主板信号线和控制线：包括 POWER SW（开机信号线）、POWER LED（电源指示灯线）、H.D.D LED（硬盘指示灯线）、RESET SW（复位信号线）、SPEAKER（前置报警喇叭线）等（见图 1-19）。把信号线插头分别插到主板上对应的插针上（一般在主板边沿处，并有相应标示），其中，电源开关线和复位按钮线没有正负极之分；前置报警喇叭线是四针结构，红线为+5V 供电线，与主板上的+5V 接口对应；硬盘指示灯和电源指示灯区分正负极，一般情况下，红色代表正极。

（8）连接外部设备

① 连接显示器：如果是 CRT 显示器，把旋转底座固定到显示器底部，然后把视频信号线连接到主机背部面板（见图 1-20）的 15 针 D 型视频信号插座上（如果是集成显卡主板，该插座在 I/O 接口区；如果采用独立显卡，该插座在显卡挡板上），最后连接显示器电源线。

图 1-19　主板信号线和控制线

图 1-20　主机背部面板

② 连接键盘和鼠标：鼠标、键盘 PS/2 接口位于机箱背部 I/O 接口区。连接时可根据插头、插槽颜色和图形标示来区分，紫色为键盘接口，绿色为鼠标接口。对于 USB 接口的鼠标插到任意一个 USB 接口上即可。

③ 连接音箱/耳机：独立声卡或集成声卡通常有 LINE IN（线路输入）、MIC IN（麦克风输入）、SPEAKER OUT（扬声器输出）、LINE OUT（线路输出）等插孔。若外接有源音箱，可将其接到 LINE OUT 插孔，否则接到 SPEAKER OUT 插孔。耳机可接到 SPEAKER OUT 插孔或 LINE OUT 插孔。

第 2 章

Windows 7 操作系统

实验一　Windows 7 的启动和关闭

一、实验目的

- 初步熟悉 Windows 7 操作系统环境。
- 掌握 Windows 7 操作系统的启动和关闭操作。

二、相关知识

第一次启动 Windows 7 时，桌面上只有“回收站”图标，大家在 Windows XP 中熟悉的“我的电脑”、“Internet Explorer”、“我的文档”、“网上邻居”等图标被整理到了“开始”菜单中。桌面最下方的小长条是 Windows 7 系统的任务栏，它显示系统正在运行的程序和当前时间等内容，用户也可以对它进行一系列的设置。“任务栏”的左端是“开始”按钮，右边是语言栏、工具栏、通知区域、时钟区等，最右端为显示桌面按钮，中间是应用程序按钮分布区，如图 2-1 所示。

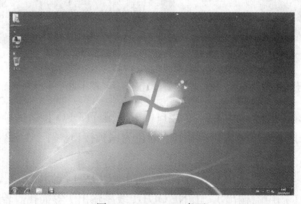

图 2-1　Window 7 桌面

单击任务栏中的“开始”按钮可以打开“开始”菜单，“开始”菜单左边是常用程序的快捷列表，右边为系统工具和文件管理工具列表。在 Windows 7 中取消了 Windows XP 中的快速启动栏，用户可以直接通过鼠标拖动把程序附加在任务栏上快速启动。应用程序按钮分布区表明当前运行的应用程序和打开的窗口；语言栏便于用户快速选择各种语言输入法，语言栏可以最小化在任务栏显示，也可以使其还原，独立于任务栏之外；工具栏显示用户添加到任务栏上的工具，如地址、链接等，如图 2-2 所示。

图 2-2　Window 7 任务栏

1. 驱动器、文件和文件夹

驱动器是通过某种文件系统格式化并带有一个标识名的存储区域。存储区域可以是可移动磁盘、光盘、硬盘等，驱动器的名字是用单个英文字母表示的，当有多个硬盘或将一个硬盘划分成多个分区时，通常按字母顺序依次标识为 C、D、E 等。

文件是有名称的一组相关信息的集合，程序和数据都是以文件的形式存放在计算机的硬盘中。每个文件都有一个文件名，文件名由主文件名和扩展名两部分组成，操作系统通过文件名对文件进行存取。文件夹是文件分类存储的"抽屉"，它可以分门别类地管理文件。文件夹在显示时，也用图标显示，包含不同内容的文件夹，在显示时的图标是不太一样的。Windows 7 中的文件、文件夹的组织结构是树形结构，即一个文件夹中可以包含多个文件和文件夹，但一个文件或文件夹只能属于一个文件夹。

2. 资源管理器

资源管理器是 Windows 系统提供的资源管理工具，可以用它查看本台计算机的所有资源，特别是它提供的树形文件系统结构，能更清楚、更直观地查看和使用文件和文件夹。资源管理器主要由地址栏、搜索栏、工具栏、导航窗格、资源管理窗格、预览窗格以及细节窗格 7 部分组成，如图 2-3 所示。导航窗格能够辅助用户在磁盘、库中切换，预览窗格是 Windows 7 中的一项改进，它在默认情况下不显示，可以通过单击工具栏右端的"显示/隐藏预览窗格"按钮来显示或隐藏预览窗格；资源管理窗格是用户进行操作的主要地方，用户可进行选择、打开、复制、移动、创建、删除、重命名等操作。同时，根据显示的内容，在资源管理窗格的上部会显示不同的相关操作。

图 2-3　资源管理器

三、实验内容

1. Windows 7 的启动

（1）冷启动

冷启动也叫加电启动，是指计算机系统从休息状态（电源关闭）进入工作状态时进行的启动。具体操作如下。

① 依次打开计算机外部设备电源，包括显示器电源（若显示器电源与主机电源连在一起时，此步可省略）和主机电源。

② 计算机执行硬件测试，稍后屏幕出现 Windows 7 登录界面，登录进入 Windows 7 系统，即可对计算机进行操作。

图 2-4　重新启动计算机

（2）热启动

热启动是指在开机状态下，重新启动计算机，常用于软件故障或操作不当，导致"死机"后重新启动机器。具体操作如下。

在桌面上单击"开始"（）菜单→"关机"→"重新启动"命令（见图 2-4），即可重新启动计算机。

（3）用 RESET 复位热启动

当采用热启动不起作用时，可首先采用复位开关 RESET 键进行启动，即按下此键后立即放开即完成了复位热启动。

若复位热启动均不能生效时，只有关掉主机电源，等待几分钟后重新进行冷启动。

2. Windows 7 的退出

在桌面上单击"开始"（）菜单→"关机"按钮（见图 2-4），即可运行关机程序。

四、实验拓展

Windows 7 快速关机的方法：单击右下角的电池标志，选择"更多电源选项"→"选择电源按钮的功能"→"按电源按钮时"→"关机"，然后单击下面的"保存修改"按钮。这时，只要随时轻轻按下电源按钮，计算机则自动运行关闭命令，就是正常关机。

实验二　Windows 7 个性化操作

一、实验目的

- 进一步熟悉 Windows 7 的工作环境。
- 掌握 Windows 7 系统个性化设置的方法和技巧。

二、实验步骤

1. 将窗口颜色设置成深红色

① 在桌面空白处单击鼠标右键，在弹出的快捷菜单中单击"个性化"命令，如图 2-5 所示。

② 打开"个性化"窗口，单击窗口下方的"窗口颜色"按钮，如图 2-6 所示。

③ 打开"窗口颜色和外观"窗口，选中"深红色"选项，即可预览窗口颜色效果，如图 2-7 所示。

图 2-5　右键菜单

图 2-6　"个性化"窗口

图 2-7　"窗口颜色和外观"窗口

④ 单击"保存修改"按钮，再关闭"个性化"窗口即可。

2. 以"大图标"的方式查看桌面图标

① 在桌面空白处单击鼠标右键，在弹出的快捷菜单中将鼠标指针指向"查看"命令，在展开的子菜单中单击"大图标"命令，如图 2-8 所示。

② 执行命令后，桌面上的图标即可以大图标的方式显示，方便用户查看，如图 2-9 所示。

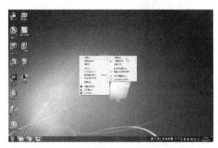

图 2-8　右键菜单及"查看"子菜单

图 2-9　大图标查看方式

3. 让 Windows 定时自动更换背景

① 在桌面空白处单击鼠标右键，在弹出的快捷菜单中单击"个性化"命令。

② 打开"个性化"窗口，在窗口下方单击"桌面背景"按钮，打开"桌面背景"窗口，然后单击"浏览"按钮，如图 2-10 所示。

③ 打开"浏览文件夹"对话框，选择图片文件夹（将所有希望作为桌面背景自动更换的图片保存在独立的文件夹中），如图 2-11 所示。

图 2-10　"桌面背景"窗口

图 2-11　"浏览文件夹"对话框

④ 单击"确定"按钮，返回"桌面背景"窗口，可以查看图片，再单击"保存修改"按钮即可。

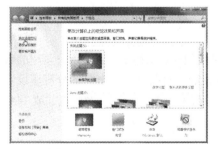

图 2-12　"个性化"窗口

4. 删除桌面上的"回收站"图标

① 在桌面空白处单击鼠标右键，在弹出的快捷菜单中单击"个性化"命令。

② 打开"个性化"窗口，单击窗口左侧的"更改桌面图标"链接，如图 2-12 所示。

③ 打开"桌面图标设置"对话框，在"桌面图标"栏下取消选中"回收站"复选框，如图 2-13 所示。

图 2-13 "桌面图标设置"对话框

④ 单击"确定"按钮，再退出"个性化"窗口，可看见桌面上的"回收站"图标已经删除。

5. 在桌面上添加时钟小工具

① 在桌面空白处单击鼠标右键，在弹出的快捷菜单中单击"小工具"命令。

② 打开工具窗口，可以看到许多小工具（见图 2-14），双击需要的"时钟"工具，或者拖动此工具到桌面上，即可将"时钟"工具添加到桌面上，效果如图 2-15 所示。

图 2-14 小工具窗口

图 2-15 "时钟"添加到桌面上

三、实验拓展

1. 设置计算机名

设置计算机名的具体操作步骤如下。

① 用鼠标右键单击"计算机"图标，选择快捷菜单中的"属性"命令。

② 单击"高级系统设置"按钮，打开"系统属性"窗口。

③ 单击"计算机名"选项卡，单击"更改"命令按钮。

④ 在"计算机名"文本框输入计算机名。

⑤ 单击"确定"按钮即可。

2. 设置分辨率

显示分辨率是显示器在显示图像时的分辨率，分辨率是用像素点来衡量的，显示分辨率的数值是指整个显示器所有可视面积上水平像素和垂直像素的数量。目前笔记本电脑的分辨率设置为：14.1 英寸的分辨率为 1366 英寸×768 英寸；15.4 英寸的分辨率为 1280 英寸×800 英寸或 1440 英寸×900 英寸；15.6 英寸的分辨率为 1600 英寸×900 英寸。

具体操作步骤如下。

① 在桌面上单击鼠标右键，选择快捷菜单中的"屏幕分辨率"命令，打开修改分辨率窗口。

② 在"分辨率"选项中选择推荐的分辨率或根据用户需要进行设置。

③ 单击"确定"按钮即可。

3. 设置屏幕颜色和刷新频率

刷新频率就是屏幕刷新的速度。刷新频率越低，图像闪烁和抖动得就越厉害，眼睛疲劳得就越快，有时会引起眼睛酸痛。刷新频率越高，对眼睛的伤害越小，一般达到 75 ~ 85 Hz 就可以了，但是不要超出显示器所能承受的最大刷新频率，否则会缩短显示器的使用寿命。液晶显示器的内部不是阴极射线管，不是靠电子枪去轰击显像管上的磷粉产生图像，它是靠后面的灯管照亮前面的液晶面板而被动发光，只有亮与不亮、明与暗的区别。液晶显示器的刷新频率一般默认为 60Hz。

设置刷新频率的具体操作步骤如下。

① 在桌面上单击鼠标右键，选择快捷菜单中的"屏幕分辨率"命令，打开"修改分辨率"窗口。

② 单击"高级设置"命令按钮，打开"通用即插即用监视器"对话框。

③ 单击"监视器"选项卡，选择系统的"刷新频率"和"屏幕颜色"值。

④ 单击"确定"按钮即可。

提示

笔记本电脑刷新频率的值一般设置为 60Hz 即可。

---

4. 设置桌面背景

设置桌面背景的具体操作步骤如下。

① 在桌面上单击鼠标右键，选择快捷菜单中的"个性化"命令，打开"个性化"窗口。

② 在"个性化"窗口中，单击"桌面背景"图标，屏幕显示"桌面背景"窗口。

③ 选择一个风景图片作为屏幕的背景即可，也可以单击"浏览"按钮选择计算机中的图片。

提示

获取图片的途径包括使用 Windows 7 提供的背景图片、数码照片和网上下载的图片。

---

5. 设置屏幕保护程序

（1）设置普通屏幕保护程序

设置普通屏幕保护程序的具体操作步骤如下。

图 2-16 设置"屏幕保护程序"窗口一

① 在桌面上单击鼠标右键，选择快捷菜单中的"个性化"命令，打开"个性化"窗口。

② 在"个性化"窗口中，单击"屏幕保护程序"图标，打开"屏幕保护程序设置"对话框。

③ 单击"屏幕保护程序"下拉列表框，选择一种屏幕保护程序，单击"浏览"按钮，观察显示的效果，如图 2-16 所示。

（2）设置个性幻灯片的屏保程序

设置个性幻灯片的屏保程序的具体操作步骤如下.

① 在桌面上单击鼠标右键，选择快捷菜单中的"个性化"命令，打开"个性化"窗口。

② 单击"屏幕保护程序"图标，打开"屏幕保护程序设置"对话框。

③ 单击"屏幕保护程序"下拉列表框，从中选择"照片"选项，单击"设置"按钮，设置幻灯片放映的速度等，如图 2-17 所示。

④ 单击"确定"按钮即可。

6. 在桌面添加小工具

Windows 7 提供了许多实用的小工具，包括"日历"、"时钟"、"天气"、"源标题"、"幻灯片放映"、"图片拼图板"等，通常把一些常用的小工具添加到桌面上。

（1）在桌面添加小工具

在桌面添加小工具的具体操作步骤如下。

① 在桌面上单击鼠标右键，选择快捷菜单中的"小工具"命令，打开"小工具"窗口，如图 2-18 所示。

② 例如添加一个时钟程序，用鼠标右键单击"时钟"图标，选择快捷菜单中的"添加"命令，在屏幕上添加一个时钟。

图 2-17　设置"屏幕保护程序"窗口二

图 2-18　Windows 7 提供的小工具窗口

> **提示**
>
> 　根据需要可随时可以关闭"小工具"窗口，方法是：单击"小工具"，选择"小工具"右上角的"关闭"按钮即可。

（2）设置小工具

设置小工具的具体操作步骤如下。

① 单击小工具，单击小工具右上角上的 🔧 图标，打开小工具的设置窗口，在其中可以设置时钟的样式、时区、秒针等。

② 设置完成后，单击"确定"按钮结束。

7. 在桌面添加提醒便签

（1）在桌面添加一个或多个便签

在桌面添加便签的具体操作步骤如下。

① 单击"开始"→"所有程序"→"便签"命令，打开"便签"窗口。

② 在便签上输入便签的内容，并将便签拖曳到桌面合适的位置即可。

> **提示**
>
> 　单击便签上的"＋"符号，可以增加一个或多个便签；单击"✕"符号，可以删除该便签。

（2）设置便签的颜色

设置便签颜色的具体操作步骤如下：

在便签上单击鼠标右键，在快捷菜单中选择一种合适的颜色即可。

实验三 任务栏操作

一、实验目的

- 理解任务栏在 Windows 7 中的作用。
- 掌握对任务栏进行个性化的设置的方法。

二、实验内容

1. 将程序锁定至任务栏

① 如果程序未启动，在其快捷方式图标上单击鼠标右键，选择"锁定到任务栏"命令，如图 2-19 所示，即可将程序锁定到任务栏中。

② 如果程序已经启动，在任务栏上对应的图标上单击鼠标右键，选择"将此程序锁定到任务栏"命令，如图 2-20 所示。

图 2-19　通过"开始"菜单锁定　　　　图 2-20　通过打开程序锁定

2. 将任务栏按钮设置成"从不合并"

① 在"任务栏"空白处单击鼠标右键，选择"属性"命令，如图 2-21 所示，打开"任务栏和【开始】菜单属性"对话框。

② 在"任务栏"选项卡的"任务栏外观"栏下，单击"任务栏按钮"下拉按钮，在展开的下拉菜单中选择"从不合并"选项，如图 2-22 所示。

图 2-21　右键菜单　　　　图 2-22　"任务栏和【开始】菜单属性"对话框

③ 单击"确定"按钮，即可看到任务栏设置前和设置后的差别，如图 2-23 所示。

图 2-23　设置前和设置后的任务栏

三、实验拓展

1. 自定义任务栏

系统默认情况下，操作系统中最底部的工具栏、开始菜单、启动的应用程序等，全部都展现在任务栏中。Windows 7 中的任务栏，图标显示变大，变得更加清晰直接。当然用户还可以根据自己的习惯或者需要选择设置任务栏的外观，甚至可以把任务栏放到屏幕的左侧、右侧、顶部等。

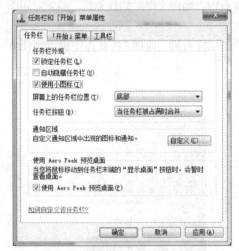

图 2-24　"任务栏和【开始】菜单属性"对话框

具体操作步骤如下。

① 在任务栏上单击鼠标右键，选择快捷菜单中的"属性"命令，打开"任务栏和【开始】菜单栏"对话框。

② 选中"锁定任务栏"、"使用小图标"复选框，选择"屏幕上任务栏的位置"，即可让任务栏放在桌面底部、左侧、右侧或顶部等不同位置显示。

③ 单击"确定"按钮即可，如图 2-24 所示。

实验四　文件和文件夹操作

一、实验目的

- 理解文件和文件夹在操作系统中的作用。
- 掌握文件和文件夹建立、选择、复制、删除及属性设置的方法和技巧。
- 掌握库的概念和操作方法。

二、实验步骤

1. 不打开文件预览文件内容

① 单击选中需要预览的文件，如图片文件、Word 文档、PPT 等。

② 单击 按钮，在窗口右侧的窗格中就会显示出该文件的内容，如图 2-25 所示。

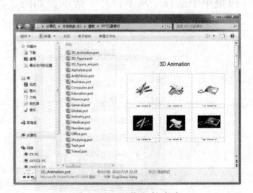

图 2-25　预览文件内容

2. 选择多个连续文件或文件夹

① 单击要选择的第一个文件或文件夹，然后按住 Shift 键。

② 再单击要选择的最后一个文件或文件夹，则将以所选第一个文件和最后一个文件为对角线的矩形区域内的文件或文件夹全部选定，如图 2-26 所示。

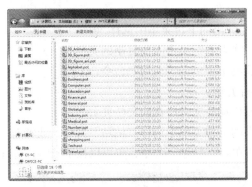

图 2-26　选中连续文件

3. 选择不连接文件或文件夹

① 单击要选择的第一个文件或文件夹，然后按住 Ctrl 键。

② 依次单击其他要选定的文件或文件夹，即可将这些不连续的文件选中，如图 2-27 所示。

图 2-27　选中不连续文件

4. 复制文件或文件夹

① 选定要复制的文件或文件夹。

② 单击"组织"按钮，在弹出的下拉菜单中选择"复制"命令，如图 2-28 所示。

图 2-28　"复制"操作

③ 打开目标文件夹（复制后文件所在的文件夹），单击"组织"按钮，在弹出的下拉菜单中选择"粘贴"命令，如图 2-29 所示。

5. 移动文件或文件夹

① 选定要移动的文件或文件夹。

② 单击"组织"按钮，在弹出的下拉菜单中选择"剪切"命令，如图 2-30 所示。或者右键单击需要复制的文件或文件夹，在弹出的快捷菜单中单击"剪切"命令，也可以按 Ctrl+X 组合键进行剪切。

图 2-29 "粘贴"操作

③ 打开目标文件夹（即移动后文件所在的文件夹），单击"组织"按钮，在弹出的下拉菜单中选择"粘贴"命令，或者右键单击需要复制的文件或文件夹，在弹出的快捷菜单中单击"粘贴"命令，也可以按 Ctrl+V 组合键进行粘贴。

图 2-30 "剪切"操作

6. 美化文件夹图标

① 右键单击需要更改图标的文件夹，如"我的资料"文件夹，在弹出的快捷菜单中单击"属性"命令，如图 2-31 所示，打开其"属性"对话框。

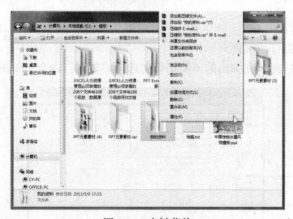

图 2-31 右键菜单

② 选择"自定义"选项卡，然后单击"更改图标"按钮，如图 2-32 所示，打开"为文件夹 我的资料 更改图标"对话框。在列表框中选择一种图标，如图 2-33 所示。

图 2-32 属性对话框

图 2-33 选择文件夹图标

③ 依次单击"确定"按钮，即可设置成功，设置后的效果如图 2-34 所示。

7. 创建"库"

① 打开"计算机"窗口，在左侧的导航区可以看到一个名为"库"的图标。

② 右键单击该图标，在下拉菜单中选择"新建"→"库"命令，如图 2-35 所示。

③ 系统会自动创建一个库，然后就像给文件夹命名一样为这个库命名，如命名为"我的库"，如图 2-36 所示。

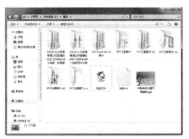

图 2-34 更改后的文件夹图标

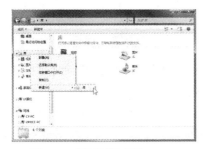

图 2-35 "新建库"操作

图 2-36 新建的库名称

8. 利用"库"来管理文档、图片、视频等常用文件

① 这里以"图片"库为例，查看 Windows 7 系统自带的图片。

② 单击窗口右侧"排列方式"旁边的下拉按钮，可以将文件按照"月"、"天"、"分级"或者"标记"等多种方式进行排序，这里单击"分级"选项，如图 2-37 所示。

③ 更改排列方式的效果如图 2-38 所示。

图 2-37 选择排列方式

图 2-38 分级排列的效果

三、实验拓展

文件夹是 Windows 7 系统为用户提供的、用于组织和管理文件或文件夹的容器。其结构采用的是树形文件夹结构，即每个磁盘相当于根目录，在根目录下可以创建许许多多的文件和文件夹，每个文件夹中还可以创建一个或多个文件夹；每个文件夹中既可以保存文件又可以保存文件夹，其数量受到磁盘容量的限制。常见文件类型的扩展名及描述如表 2-1 所示。

表 2-1　　　　　　　　　　　　常见文件类型的扩展名及描述

*. com 系统命令文件	*.exe 可执行文件	*.ini 系统配置文件
*.sys 系统文件	*.zip 压缩文件	*.htm 网页文件
*.txt 记事本文件	*.rar 压缩文件	*.bmp 位图文件
*.doc Word 文档文件	*.bak 备份文件	*.aiff 声音文件
*.xls Excel 电子表格文件	*.bin 二进制码文件	*.avi 电影文件
*.ppt PowerPoint 幻灯片文件	*.dll 动态链接库文件	*.mp3 音频文件
*.psd Photoshop 图形文件	*.swf 动画文件	*.wav 声音文件
*.dif AutoCAD 图形文件	*.jpg 图像文件	*.rmvb 视频文件

实验五　鼠标和键盘操作

一、实验目的

- 掌握鼠标样式的选择和属性的设置方法。
- 掌握键盘属性的设置方法。

二、实验步骤

1. 更改鼠标指针

① 在桌面空白处单击鼠标右键，在弹出的快捷菜单中选择"个性化"命令，在打开的"个性化"窗口中单击窗口左侧的"更改鼠标指针"超链接。

② 打开"鼠标属性"对话框，在"指针"选项卡中设置不同状态下对应的鼠标图案，如选择"正常选择"选项，单击"浏览"按钮，如图 2-39 所示。

③ 打开"浏览"对话框，选择需要的图标，如图 2-40 所示。

图 2-39　"鼠标属性"对话框　　　　　　图 2-40　"浏览"对话框

④ 单击"打开"按钮，返回到"鼠标属性"对话框，单击"确定"按钮，即可更改鼠标指针的形状。

2. 设置滑轮滚动的行数

① 在桌面空白处单击鼠标右键，在弹出的快捷菜单中选择"个性化"命令，在打开的"个性化"窗口中单击窗口左侧的"更改鼠标指针"超链接。

② 打开"鼠标属性"对话框，单击"滑轮"选项卡，可以设置滑轮滚动的行数，如将"垂直滑轮"设置为一次滚动 6 行，如图 2-41 所示。

图 2-41　"鼠标 属性"对话框

3. 设置键盘

① 单击"开始"→"控制面板"命令，打开"控制面板"窗口，如图 2-42 所示。在"小图标"查看方式下，单击"键盘"选项，打开"键盘 属性"对话框。

② 在"速度"选项卡中，可以设置"字符重复"和"光标闪烁速度"，拖动滑块即可调节，如图 2-43 所示。

图 2-42　"控制面板"窗口

图 2-43　"键盘属性"对话框

③ 设置完成后，单击"确定"按钮。

实验六　控制面板操作

一、实验目的

- 理解控制面板在操作系统中的作用。
- 掌握控制面板中启用家长控制功能、设置网络、找回家庭组密码、删除程序及添加打印机等功能的配置方法。
- 尝试对其他计算机控制面板中的功能做配置，能做到知识的迁移。

二、相关知识

控制面板集中了用来配置系统的全部应用程序，它允许用户查看并进行计算机系统软硬件的设置和控制。因此，对系统环境进行调整和设置的时候，一般都要通过"控制面板"进行，如添加硬件、添加/删除软件、控制用户账户、外观和个性化设置等。Windows 7 提供了"分类视图"和"图标视图"两种控制面板界面，其中，"图标视图"有两种显示方式：大图标和小图标。"分类视图"允许打开父项并对各个子项进行设置，如图 2-44 所示。在"图标视图"中能够更直观地看到计算机可以采用的各种设置，如图 2-45 所示。

图 2-44　控制面板"分类视图"界面

图 2-45　控制面板"图标视图"界面

三、实验步骤

1. 启用家长控制功能

在 Windows 7 中，提供了家长控制功能，可以让家长设定限制，控制孩子对某些网站的访问权限、可以登录到计算机的时长、可以玩的游戏以及可以运行的程序。

① 打开"控制面板"，在"小图标"查看方式下，单击"家长控制"链接，打开"家长控制"窗口。

② 选择被家长控制的账户（管理员账户不能选择），单击要控制的标准用户账户，如图 2-46 所示。

③ 在打开的"用户控制"窗口中，可以设置各种家长控制项。在"家长控制"栏下选中"启用，应用当前设置"单选钮，如图 2-47 所示。

图 2-46　"家长控制"窗口

图 2-47　"用户控制"窗口

④ 单击"确定"按钮，即可启用家长控制功能。

2. 切换家庭网络和其他网络

① 打开"控制面板"窗口，在"类别"查看方式下，单击"网络和 Internet"下的"查看网络状态和任务"链接，如图 2-48 所示。

图 2-48　"控制面板"窗口

② 打开"网络和共享中心"窗口，在"查看活动网络"栏下，可以看到现在使用的是"家庭网络"，单击此选项，如图 2-49 所示。

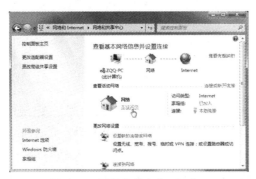

图 2-49　"网络和共享中心"窗口

③ 打开"设置网络位置"窗口，窗口中列出了家庭网络、工作网络和公用网络 3 种网络设置，根据自己需求选择。这里选择"工作网络"选项，如图 2-50 所示。

④ 单击"工作网络"选项后，即可弹出如图 2-51 所示的界面，直接单击"关闭"按钮即可。

图 2-50　选择网络类型

图 2-51　确认窗口

3. 找回家庭组密码

如果创建了家庭组，创建后忘记了家庭组密码，可以通过控制面板找回。

① 打开"控制面板"窗口，在"小图标"的查看方式下，单击"家庭组"选项。在打开的窗口中，单击"查看或打印家庭组密码"链接，如图 2-52 所示。

图 2-52　"家庭组"窗口

② 在打开的窗口中即可查看到家庭组的密码，如图 2-53 所示。

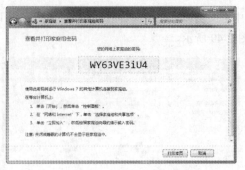

图 2-53　查看家庭组密码

4. 删除程序

① 单击"开始"→"控制面板"命令，在"小图标"的"查看方式"下，单击"程序和功能"选项。

② 打开"卸载或更改程序"窗口，在列表中选中需要卸载的程序，单击"卸载"按钮，如图 2-54 所示。

③ 打开确认卸载对话框，如果确定要卸载，单击"是"按钮，即可进行程序卸载，如图 2-55 所示。

图 2-54　"程序和功能"窗口

图 2-55　确定对话框

四、实验拓展

打印机的安装与设置

1. 安装打印机

安装打印机，首先将打印机的数据线连接到计算机的相应端口上，接通电源打开打印机，然后打开"开始"菜单，选择"设备和打印机"，打开"设备和打印机"窗口。也可以通过"控制面板"中"硬件和声音"中的"查看设备和打印机"进入。在"设备和打印机"窗口中单击工具栏中的"添加打印机"按钮，显示如图 2-56 所示的"添加打印机"对话框。选择要安装的打印机类型（本地打印机或网络打印机），在此选择"添加本地打印机"，然后依次选择打印机使用的端口、打印机厂商和打印机类型，确定打印机名称并安装打印机驱动程序，最后根据需要选择是否共享打印机即可完成打印机的安装。安装完毕后，"设备和打印机"窗口中会出现相应的打印机图标。

图 2-56　"添加打印机"对话框

2. 设置默认打印机

如果安装了多台打印机，在执行具体打印任务时可以选择打印机或将某台打印机设置为默认打印机。要设置默认打印机，先打开"设备和打印机"窗口，在某个打印机图标上单击鼠标右键，在弹出的快捷菜单中单击"设置为默认打印机"命令即可。默认打印机的图标左下角有一个"√"标识。

3. 取消文档打印

在打印过程中，用户可以取消正在打印或打印队列中的打印作业。用鼠标双击任务栏中的打印机图标，打开打印队列，右键单击要停止打印的文档，在弹出的快捷菜单中选择"取消"命令。若要取消所有文档的打印，选择"打印机"菜单中的"取消所有文档"命令。

实验七　用户账户管理

一、实验目的
- 理解用户账户管理在保护计算机安全等方面的作用，理解不同类型的用户具有不同的权限。
- 掌握不同类型用户的创建、设置密码、更改头像等基本操作。

二、相关知识

Windows 7支持多用户管理，多个用户可以共享一台计算机，并且可以为每一个用户创建一个用户账户以及为每个用户配置独立的用户文件，从而使得每个用户登录计算机时，都可以进行个性化的环境设置。在控制面板中，单击"用户账户和家庭安全"，打开相应的窗口，可以实现用户账户、家长控制等管理功能。在"用户账户"中，可以更改当前账户的密码和图片，管理其他账户，也可以添加或删除用户账户。在"家长控制"中，可以为指定标准类型账户实施家长控制，主要包括时间控制、游戏控制和程序控制。在使用该功能时，必须为计算机管理员账户设置密码保护，否则一切设置将形同虚设。

三、实验步骤

1. 创建新的管理员用户

管理员账户拥有对全系统的控制权，可以改变系统设置，可以安装、删除程序，能访问计算机上所有的文件。除此之外，此账户还可创建和删除计算机上的用户账户，可以更改其他人的账户名、图片、密码和账户类型。

① 使用管理员账户登录系统，打开"控制面板"窗口，在"小图标"查看方式下单击"用户账户"选项。

② 打开"用户账户"窗口，单击"管理其他账户"链接，如图2-57所示。

③ 在"管理账户"窗口中，单击下方的"创建一个新账户"链接，如图2-58所示。

图2-57　"用户账户"窗口

图2-58　"管理账户"窗口

④ 在"创建新账户"窗口上方的文本框中输入一个合适的用户名，然后选中"管理员"单选

钮，如图 2-59 所示。

图 2-59 "创建新账户"窗口

⑤ 单击 创建帐户 按钮，即可创建一个新的管理员账户。

2. 为账户设置登录密码

① 在"控制面板"中，单击"用户账户"选项，打开"更改用户账户"窗口。

② 单击"管理其他账户"链接，在打开的"选择希望更改的账户"窗口中单击需要设置密码的账户（以 ad 用户为例），如图 2-60 所示。

③ 打开"更改 ad 的账户"窗口，单击左侧的"创建密码"链接，如图 2-61 所示。

图 2-60 "管理账户"窗口

图 2-61 "更改账户"窗口

④ 在"创建密码"窗口中，输入新密码、确认密码和密码提示，如图 2-62 所示，单击 创建密码 按钮即可。

图 2-62 "创建密码"窗口

3. 更改账户的头像

① 在"控制面板"中单击"用户账户"选项，打开"用户账户"窗口，单击"更改图片"链接，如图 2-63 所示。

② 在"更改图片"窗口中，选择一个合适的图片，再单击"更改图片"按钮，即可更改成功，如图 2-64 所示。

图 2-63 "用户账户"窗口

图 2-64 "更改图片"窗口

四、实验拓展

设置完成后，打开"开始"菜单，将鼠标移动到"关机"菜单项旁的箭头按钮上单击，选择弹出菜单中的"切换用户"，则显示系统登录界面，此时可以看到新增加的账户，单击选择该账户后输入密码就可以以新的用户身份登录系统。

在"管理账户"窗口中选择一个账户后，还可以使用"更改账户名称"、"更改密码"、"更改图片"、"更改账户类型"及"删除账户"等功能对所选账户进行管理。

实验八　磁盘管理

一、实验目的

- 理解磁盘在操作系统中的重要作用。
- 掌握磁盘清理、碎片整理、更改驱动器名和删除逻辑分区的基本方法。

二、相关知识

磁盘管理是一项计算机使用时的常规任务，它以一组磁盘管理应用程序的形式提供给用户，包括查错程序、磁盘碎片整理程序、磁盘清理程序等。在 Windows 7 中没有提供一个单独的应用程序来管理磁盘，而是将磁盘管理集成到"计算机管理"中。通过单击桌面的"计算机"图标，在弹出的快捷菜单中单击"管理"命令即可打开"计算机管理"窗口，选择"存储"中的"磁盘管理"，将打开"磁盘管理"功能。利用磁盘管理工具可以一目了然列出的所有磁盘情况，并对各个磁盘分区进行管理操作。

磁盘里的文件都是按存储时间先后来排列的，在理论上文件之间都是紧凑排列而没有空隙的。但是，我们往往会对文件进行修改，那么，新的内容并不是直接加到原文件的位置的，而是放在磁盘储存空间的最末尾，系统会在这两段之间加上联系标识。当有多个文件被修改后，磁盘里就会有很多不连续的文件。一旦文件被删除，所占用的不连续空间就会空着，并不会被自动填满，而且，新保存的文件也不会放在这些地方，这些空着的磁盘空间，就被称作"磁盘碎片"。磁盘碎片太多，其他的不连续文件相应也多，系统在执行文件操作时就会因反复寻找联系文件，使得效率大大降低，直接的反映就是系统运行太慢。

磁盘碎片整理对硬盘的影响是相当大的，是最频繁的硬盘读写操作。所以，没有必要频繁地对硬盘进行整理。磁盘碎片整理程序有一个"分析"功能，经过分析，若提示：需要对该磁盘进行整理，则可进行磁盘碎片整理。

Windows 7 自带的碎片整理工具，是真正意义上对磁盘进行物理整理操作，因此，运行时的速度非常慢，通常要几十分钟或几个小时。在进行碎片整理时，不要运行任何程序，最好关闭一切自动运行的、驻留在内存中的程序，关闭屏幕保护等，否则，会导致磁盘碎片整理异常缓慢，甚至重新开始整理。

三、实验步骤

1. 磁盘清理

① 单击"开始"→"所有程序"→"附件"→"系统工具"→"磁盘清理"命令，打开"磁盘清理：驱动器选择"对话框，选择需要清理的磁盘，这里选择 D 盘，如图 2-65 所示。

② 单击"确定"按钮，开始清理磁盘。清理磁盘结束后，弹出"（D：）的磁盘清理"对话框，选中需要清理的内容，如图 2-66 所示。

③ 单击"确定"按钮即可开始清理。

图 2-65　选择磁盘

图 2-66　"（D：）的磁盘清理"对话框

2. 磁盘碎片整理

① 单击"开始"→"所有程序"→"附件"→"系统工具"→"磁盘碎片整理程序"命令，打开"磁盘碎片整理程序"对话框，如图 2-67 所示。

② 在列表框中选中一个磁盘分区，单击 分析磁盘(A) 按钮，即可分析出碎片文件占磁盘容量的百分比。

③ 根据得到的这个百分比，确定是否需要进行磁盘碎片整理，在需要整理时单击 磁盘碎片整理(D) 按钮即可。

图 2-67　"磁盘碎片整理程序"对话框

四、实验拓展

1. 使用外置工具软件清理磁盘

用户也可以使用 360 安全卫士软件、Windows 优化大师等软件，清理系统垃圾文件。例如，打开"360 安全卫士"窗口，单击"电脑清理"选项即可，如图 2-68 所示。

图 2-68　清理垃圾文件窗口

2. 更改驱动器名和删除逻辑分区

具体操作如下。

① 在桌面上右键单击"计算机"图标，选择快捷菜单中的"管理"命令，双击"磁盘管理"，打开"计算机管理"窗口。

② 右键单击"逻辑驱动器"，选择快捷菜单中的命令，如"更改驱动器名"或"删除逻辑驱动器"，即可实现相应的操作，如图 2-69 所示。

图 2-69　计算机管理窗口

实验九　Windows 7 的安全维护

一、实验目的

- 理解网络安全的基本概念和常识。
- 掌握配置防火墙、杀毒软件及 Windows Defender 实时保护的配置方法。

二、实验步骤

1. 用 Win7 防火墙来保护你的系统安全

① 打开"控制面板"，在"小图标"查看方式下，单击"Windows 防火墙"选项，打开"Windows 防火墙"窗口。

② 单击窗口左侧的"打开或关闭 Windows 防火墙"选项，如图 2-70 所示。

③ 在打开的窗口中选中"启用 Windows 防火墙"单选钮，如图 2-71 所示。

图 2-70　"Windows 防火墙"窗口

图 2-71　"防火墙设置"窗口

④ 设置完成后，单击"确定"按钮。

2. 判断计算机上是否已安装了防病毒软件

① 在"控制面板"中，单击"操作中心"选项，打开"操作中心"窗口。

② 在打开的窗口中，在"安全"栏下可以看到是否安装有防病毒软件。如图 2-72 所示，系统中没有安装防病毒软件，则可以进行下载安装。

图 2-72 "操作中心"窗口

3. 打开 Windows Defender 实时保护

① 打开"控制面板"窗口，在"小图标"查看方式下单击 "Windows Defender"选项。

② 打开"Windows Defender"窗口，单击 工具 按钮，在打开的"工具和设置"窗口中单击"选项"链接，如图 2-73 所示。

③ 在"选项"窗口中，首先单击选中左侧的"实时保护"选项，然后在右侧窗格中选中"使用实时保护"和其下的子项，如图 2-74 所示。

图 2-73 "工具和设置"窗口

图 2-74 "选项"窗口

④ 单击 保存(S) 按钮即可。

4. 使用 Windows Defender 扫描计算机

① 打开"Windows Defender"窗口，单击 扫描 按钮右侧的 ，在弹出的菜单中选择一种扫描方式，如果是第一次扫描，建议选择"完全扫描"，如图 2-75 所示。

② 选择后即可开始扫描，可能需要较长的时间，如图 2-76 所示。

图 2-75 选择扫描方式

图 2-76 进行扫描

一、实验目的

- 掌握 Windows 7 附件的操作方法和高级技巧。

二、实验步骤

1. 记事本的操作

① 单击"开始"→"所有程序"→"附件"→"记事本"命令，打开"记事本"窗口。

② 在"记事本"窗口中输入内容并选中，然后单击"格式"→"字体"命令，如图 2-77 所示。

③ 打开"字体"对话框，在对话框中可以设置"字体"、"字形"和"大小"，如图 2-78 所示，单击"确定"按钮即可设置成功。

图 2-77 "格式"下拉菜单

图 2-78 "字体"对话框

④ 单击"编辑"按钮，展开下拉菜单，可以对选中的文本进行复制、删除等操作，或者选择"查找"命令，对文本进行查找等，如图 2-79 所示。

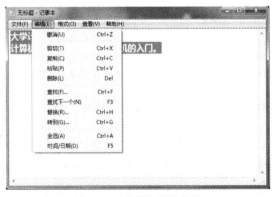

图 2-79 "编辑"下拉菜单

⑤ 编辑完成后，单击"文件"→"保存"命令，将记事本保存在适当的位置。

2. 计算器的使用

① 单击"开始"→"所有程序"→"附件"→"计算器"命令，打开"计算器"程序。

② 在计算器中，单击相应的按钮，即可输入计算的数字和方式。图 2-80 所示为输入的"85*63"算式。单击"等于"按钮，即可计算出结果。

③ 单击"查看"→"科学型"命令，如图 2-81 所示，即可打开科学型计算器程序，可进行更为复杂的运算。

④ 例如，计算"tan30"的数值，先单击输入"30"，然后单击 tan 按钮，即可计算出相应的数值，如图 2-82 所示。

图 2-80　计算数值

图 2-81　"查看"下拉菜单

图 2-82　"科学性"计算器

3. Tablet PC 输入面板

① 首先打开需在输入内容的程序，如 Word 程序，将光标定位到需要插入内容的地方。

② 单击"开始"→"所有程序"→"附件"→"Tablet PC"→"Tablet PC 输入面板"命令，打开输入面板。

③ 打开输入面板后，当鼠标放在面板上后，可以看到鼠标变成一个小黑点，拖动鼠标即可在面板中输入内容，输入完成后自动生成，如图 2-83 所示。

④ 输入完成后，单击"插入"按钮，即可将书写的内容插入到光标所在的位置，如图 2-84 所示。

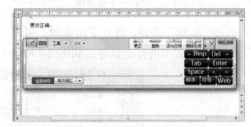

图 2-83　在 Tablet PC 面板中输入内容

图 2-84　将内容插入到文档中

⑤ 如果在面板中书写错误，单击输入面板中的"删除"按钮，然后拖动鼠标在错字上画一条横线即可将其删除。

⑥ 如要关闭 Tablet PC 面板，直接单击"关闭"按钮是无效的，正确的方法是：单击"工具"选项，在展开的下拉菜单中选择"退出"命令，如图 2-85 所示。

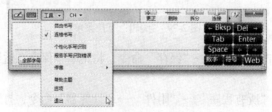
图 2-85　"退出"输入面板

第 3 章

Word 2010 文字处理

实验一　Word 2010 文档的创建、保存和退出

一、实验目的

- 熟练掌握 Word 2010 的启动与退出方法，认识 Word 2010 主窗口的屏幕对象。
- 熟练掌握操作 Word 2010 功能区、选项卡、组和对话框的方法。
- 熟练掌握利用 Word 2010 建立、保存、关闭和打开文档的方法。

二、相关知识

1. 基本知识

Word 2010 是 Microsoft Office 办公系列软件之一，是目前办公自动化中最流行的、全面支持简繁体中文、功能更加强大的新一代综合排版工具软件。

Word 2010 的用户界面仍然采用 Ribbon 界面风格，包括可智能显示相关命令的 Ribbon 面板，但是在 Word 2010 中采用"文件"按钮取代了 Word 2007 中的"Office"按钮。

Microsoft Office Word 2010 集编辑、排版、打印等功能为一体，并同时能够处理文本、图形和表格，满足各种公文、书信、报告、图表、报表以及其他文档打印的需要。

2. 认识 Word 2010 的窗口构成

启动 Windows 7 后，选择"开始"→"所有程序"→"Microsoft Office"→"Microsoft Office Word 2010"选项，启动 Word 2010。

图 3-1 所示为 Word 2010 工作界面，该界面主要由标题栏、快速访问工具栏、功能区、导航窗格、文档编辑区和状态与视图工具栏组成。

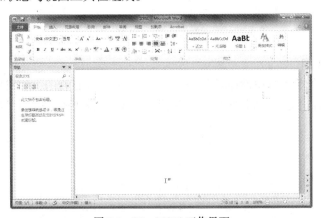

图 3-1　Word 2010 工作界面

- 标题栏：标题栏位于窗口的顶端，用于显示当前正在运行的程序名及文件名等信息。标题栏最右端有 3 个按钮，分别用来控制窗口的最小化、最大化和关闭。

- 快速访问工具栏：快速访问工具栏中包含最常用操作的快捷按钮，方便用户使用。在默认状态栏中，快速访问工具栏包含 3 个快捷按钮，分别为"保存"按钮、"撤销"按钮和"恢复"按钮。

- 功能区：在 Word 2010 中，功能区是完成文本格式操作的主要区域。在默认状态下，功能区主要包含"文件"、"开始"、"插入"、"页面布局"、"引用"、"邮件"、"审阅"、"视图"、"加载项" 9 个基本选项卡。

- 导航窗格：导航窗格是一个独立的窗口，位于文档窗口的左侧，用来显示文档的标题列表。通过导航窗格可以对整个文档结构进行浏览，还可以跟踪光标在文档中的位置。

- 文档编辑区：文档编辑区是输入文本，添加图形，图像以及编辑文档的区域，用户对文本进行的操作结果都将显示在该区域。

- 状态与视图栏：状态与视图栏位于 Word 窗口的底部，主要显示当前文档的信息。在状态栏中还可以显示一些特定命令的工作状态，如录制宏、当前使用的语言等。当这些命令的按钮为高亮时，表示目前正处于工作状态；若变为灰色，则表示未在工作状态下。另外，在视图栏中通过拖动"显示比例"滑杆中的滑块，可以直观地改变文档编辑区的大小。

3. 视图模式

Word 2010 为用户提供了多种浏览文档的方式，包括页面视图、阅读版式视图、Web 版式视图、大纲版式视图和草稿。在"视图"选项卡的"文档视图"区域中，单击相应的按钮，即可切换至相应的视图模式。

（1）页面视图

页面视图是 Word 2010 默认的视图模式，该视图中的显示与打印效果相同，它显示整个页面的分布状况，并能调整布局，可以看到页眉、页脚、分栏，对图文进行编排等，如图 3-2 所示。

图 3-2　页面视图

（2）阅读版式视图

阅读版式视图是在使用 Word 软件阅读文章时经常使用的经典的视图。在阅读版式视图中，用户可以进行批注，用色笔标记文本和查找参考文本等操作，使得阅读起来比较贴近自然习惯，如图 3-3 所示。

图 3-3　阅读版式视图

（3）Web 版式视图

Web 版式视图主要用于编辑 Web 页面，用户可以在其中编辑文档，并把文档储存为 HTML 文件。在 Web 版式视图下编辑窗口将显示文档的 Web 布局视图，如图 3-4 所示。

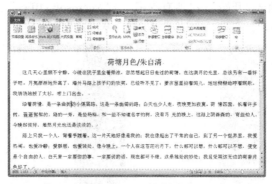

图 3-4　Web 版式视图

（4）大纲视图

大纲视图是一种通过缩进文档标题方式来表示它们在文档中级别的显示方式，适合使用一个具有多重标题的文档。用户可以将文档折叠起来只看主标题，也可将文档展开查看整个文档的内容，如图 3-5 所示。

图 3-5　大纲视图

（5）草稿

草稿是 Word 中最简化的视图模式。在该视图中不显示页边距、页面和页脚、背景、图形图像。因此，草稿视图模式仅使用与编辑内容和格式都比较简单的文档，如图 3-6 所示。

图 3-6　草稿

三、实验步骤

1. Word 文档的新建

（1）启用 Word 2010 程序新建文档

在桌面上单击左下角的"开始"→"所有程序"→"Microsoft Office"→"Microsoft Office Word 2010"选项，如图 3-7 所示，可启动 Microsoft Office Word 2010 主程序，打开 Word 文档。

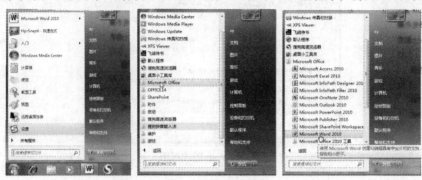

图 3-7　新建空白文档

（2）新建空白文档

运行 Word 2010 程序，进入主界面中。

单击"文件→新建→空白文档"，选项单击"创建"按钮即可创建一个新的空白文档，如图 3-8 所示。

图 3-8　创建空白文档

（3）使用保存的模板新建

① 单击"文件"→"新建"命令，在"可用模板"区域单击"我的模板"按钮，如图 3-9 所示。

图 3-9　选择我的模板

② 打开"新建"对话框，在"个人模板"列表框中选择保存的模板，单击"新建"按钮，即可根据现有模板新建文档，如图 3-10 所示。

图 3-10　选择需要的模板

2. Word 文档的保存

① 单击"文件"→"另存为"命令，如图 3-11 所示。

② 打开"另存为"对话框，为文档设置保存路径和保存类型，单击"保存"按钮即可，如图 3-12 所示。

图 3-11　选择"另存为"命令

图 3-12　设置保存路径

3. Word 文档的退出

（1）单击"关闭"按钮

打开 Microsoft Office Word 2010 程序后，单击程序右上角的"关闭"按钮 ，可快速退出主程序，如图 3-13 所示。

图 3-13　单击"关闭"按钮

（2）从菜单栏关闭

打开 Microsoft Office Word 2010 程序后，右击"开始"菜单栏中的任务窗口，打开快捷菜单，选择"关闭"命令，可快速关闭当前开启的 Word 文档，如果同时开启较多文档可用该方式分别进行关闭，如图 3-14 所示。

图 3-14　使用"关闭"选项

四、实验拓展

Word 2010 提供了自动保存文档的时间间隔，该项设置可避免因停电、死机等意外而造成文档丢失。

具体操作步骤如下。

① 单击"文件"菜单中的"选项"命令，单击"保存"选项卡，打开"Word 选项"对话框，如图 3-15 所示。

图 3-15　修改系统默认设置

② 在"Word 选项"对话框中，将"保存自动恢复信息时间间隔"设置为 5 分钟。

实验二　文本操作与格式设置

一、实验目的

- 熟练掌握输入文本的方法。
- 熟练掌握设置字符格式的方法，包括选择字体、字形和字号，以及字体颜色、文本特殊效果设置。

二、相关知识

1. 输入文本

文档建好以后，即可在文档中光标闪烁点的位置输入文字，每输入一个文字，插入点会自动往后移。在文档中可以输入汉字、数字、字母，还可以插入一些特殊符号，插入时间和日期等。

2. 排版文档

在 Word 文档中，完成文本的输入和编辑后，往往需要设置文本的格式，也就是美化文本，通过美化操作，可以使文档在外观上看起来更加整齐、美观。对文档的美化操作，主要包括设置文档中的字符格式、段落格式，添加项目符号和编号，设置边框和底纹等操作。

三、实验步骤

1. 文档的输入

（1）手动输入文本

打开 Word 文档后，直接手动输入文字即可。

（2）利用"复制+粘贴"录入文本

① 打开参考内容的文本，选择需要复制的文本内容，按 Ctrl+C 组合键或单击鼠标右键，弹出快捷菜单，选择"复制"命令，如图 3-16 所示。

② 将光标定位在文本需要粘贴的位置，按 Ctrl+V 组合键进行粘贴，完成文本的粘贴录入，如图 3-17 所示。

图 3-16　复制文本

图 3-17　粘贴文本

2. 文档的选取

① 选择连续文档：在需要选中文本的开始处单击鼠标左键，滑动鼠标直至选择文档的最后，松开鼠标，完成连续文档的选择。

② 选择不连续文档：在文档开始处单击鼠标左键再滑动鼠标，选择需要选择的文档，按住 Ctrl 键继续在需要选中的文本的开始处单击鼠标左键滑动至最后，重复该操作，即可完成对不连续文档的选择。

③ 从任意位置完成快速全选：将光标放在文档的任意位置，按 Ctrl+A 组合键，即完成对文档内容的全部选择。

④ 从开始处快速完成全选：按住 Ctrl+Home 组合键将光标定位在文档的首部，再按 Ctrl+Shift+End 组合键完成对文档全部的选择。

3. 文本字体设置

① 字体栏设置。选中需要设置字体的文本内容，在"开始"→"字体"选项组中单击"字体"下拉按钮，在下拉菜单中选择适合的字体，如"隶书"，系统会自动预览最终的显示效果，如图 3-18 所示。

② 浮动窗口设置：选中需要设置字体的文本内容，将鼠标移至选择的内容上，文本的上方弹出一个浮动的工具栏，单击"字体"下拉按钮，选择合适的字体格式，如选择"华文彩云"，系统自动预览字体的显示效果，如图 3-19 所示。

图 3-18　通过菜单栏设置字体

图 3-19　通过浮动工具栏设置字体

4. 文本字号设置

（1）菜单栏设置

选中要设置的文本，在"开始"→"字体"选项组单击"字号"下拉按钮，在下拉菜单中选择字号，如选择"小一"，如图 3-20 所示。或者在字号栏中输入 1~1638 磅的任意数字，按 Enter 键直接进行字号设置。

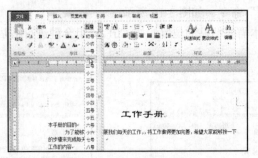

图 3-20　通过菜单栏设置字号

（2）字体框设置

选中要设置的文本，按 Ctrl+Shift+P 组合键打开"字体"对话框，此时 Word 会自动选中"字号"框内的字号值，用户可以直接键入字号值，也可以按键盘上的方向键↑键或↓键来选择字号列表中的字号，最后按 Enter 键或单击"确定"按钮可完成字号的设置，如图 3-21 所示。

5. 文本字形与颜色设置

（1）字形的设置

① 选择需要设置字形的文本内容，在"开始"→"字体"选项组中单击快捷按钮　，如图 3-22 所示。

② 打开"字体"对话框，在"字形"列表框中单击上下选择按钮，选择一种合适的字形，如选择"加粗"选项，如图 3-23 所示，完成设置后单击"确定"按钮。

图 3-21　通过字体对话框设置字号

图 3-22　选择快捷按钮

图 3-23　在字体对话框设置字形

（2）颜色的设置

① 选择需要设置颜色的文本内容，在"开始"→"字体"选项组中单击快捷按钮　，打开"字体"对话框，在"所有文字"选项下的"字体颜色"中单击下拉按钮，选择合适的字体颜色，如选择"紫色"，如图 3-24 所示，单击"确定"按钮，完成字体颜色的设置。

② 选择需要设置颜色的文本内容，在"开始"→"字体"选项组中单击"字体颜色"按钮（　），打开下拉颜色菜单，选择合适的颜色，如选择"紫色"，如图 3-25 所示，即可

设置字体颜色。

图 3-24　在"字体"对话框设置字体颜色

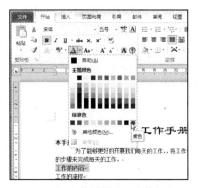

图 3-25　在菜单栏设置字体颜色

6. 文本特殊效果设置

① 选择需要设置特殊效果的文本内容，在"开始"→"字体"选项组中单击快捷按钮⚓，打开"字体"对话框，在"效果"选项下勾选需要添加的效果复选框，如勾选"空心"复选框，如图 3-26 所示。

② 完成设置后，单击"确定"按钮，文本的最终显示如图 3-27 所示。

图 3-26　选择"空心"样式

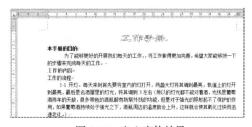

图 3-27　空心字体效果

四、实验拓展

在 Word 2010 中输入文本并设置文本格式

具体操作步骤如下。

① 启动 Word 2010，新建一个空白文档，在文档中输入如图 3-28 所示的文本。

图 3-28　输入文本

② 选中标题文本"信念是一粒种子"，在"开始"选项卡的"字体"组中单击"字体"下拉按钮，在弹出的下拉列表框中选择"黑体"选项；单击"字号"下拉按钮，从弹出的下拉列表中选择"二号"选项，如图 3-29 所示。

③ 完成后，在"段落"组中单击"居中"按钮，效果如图 3-30 所示。

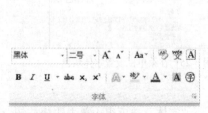

图 3-29

图 3-30 居中显示标题

④ 选中标题文本"信念是一粒种子"，在"开始"选项卡的"字体"组中单击"字体颜色"下拉按钮，在打开的颜色面板中选择"红色，强调文字颜色 2 深色 50%"选项，为标题添加字体颜色，如图 3-31 所示。

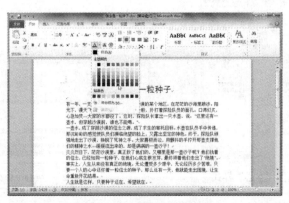

图 3-31 为标题添加字体颜色

⑤ 选中第一段落文本"有一年……"，在"字体"组中单击对话框启动按钮，打开"字体"对话框。打开"字体"选项卡，在"中文字体"下拉列表中选择"宋体"选项；在"字形"列表框中选择"加粗"选项；在"字号"列表框中选择"四号"选项；单击"字体颜色"下拉按钮，从打开的颜色面板中选择"橙色，强调文字颜色 6，深色 50%"选项，如图 3-32 所示。单击"确定"按钮即可应用设置。

图 3-32 "字体"对话框

⑥ 用同样的方法，设置第二段文本"一壶水……"，字体为"楷体"，字号为"三号"，字体颜色为"深蓝，文字 2，深色 50%"，效果如图 3-33 所示。

用同样的方法设置其他段落文本的格式，完成设置后在快速访问工具栏中单击"保存"按钮，即可保存文档。

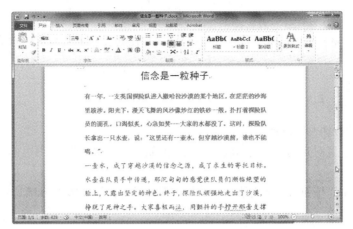

图 3-33　设置文本字体后的效果

实验三　文本操作与段落设置

一、实验目的

- 熟练掌握编辑排版的段落设置。

二、相关知识

段落是构成整个文档的骨架，是指两个回车符之间的文本内容，是独立的信息单位。为了使文档的结构更清晰、层次更分明，可对段落格式进行设置。段落格式的设置主要包括设置对齐方式、段落缩进以及行间距、段落间距等。

1. 段落对齐

段落对齐有左对齐、居中对齐、右对齐、两段对齐和分散对齐 5 种对齐方式。

- 左对齐：是指文字中所有的行都从页的左边距对齐。
- 居中对齐：是指文字居中排列。
- 右对齐：是指文字中所有的行都从页的右边距对齐。
- 两端对齐：是指在段落中除最后一行外，其他行文字的左右两端分别按文档的左右边界向两端对齐。
- 分散对齐：是指段落中的所有行文本左右两端分别按文档的左右边界向两端对齐，每个段落的最后一行不满一行时，将拉开字符间距使该行均匀分布。

设置段落对齐方式时，先要选中要对齐的段落，然后在"开始"→"段落"选项组中单击相应按钮来实现。

按 Ctrl+L 组合键可以设置段落左对齐；按 Ctrl+E 组合键可以设置段落居中对齐；按 Ctrl+R 组合键可以设置段落右对齐；按 Ctrl+J 组合键可以设置段落两端对齐；按 Ctrl+Shift+J 组合键可以设置段落分散对齐。

2. 段落缩进

段落缩进是指段落中的文本与页边距之间的距离。Word 2010 中段落缩进有首行缩进、左缩进、右缩进和悬挂缩进 4 种方式。

- 左缩进：将整个段落中的所有行从左侧缩进，可以控制整个段落左边界的位置。
- 右缩进：将整个段落中的所有行从右侧缩进，可以控制整个段落右边界的位置。

- 首行缩进：将所选段落的第一行向右缩进。
- 悬挂缩进：将整个段落除了首行外的所有行向右缩进，可改变段落中除第一行以外的其他行的起始位置。

三、实验步骤

1. 对齐方式设置

（1）通过快捷按钮快速设置

① 选择需要设置对齐方式的文本段落，在"开始"→ "段落"选项组单击"居中"按钮，如图3-34所示。

② 单击"居中"按钮后，所选段落完成居中对齐设置，效果如图3-35所示。

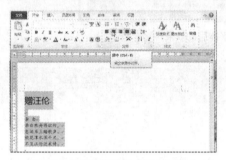

图 3-34 在菜单栏选择"居中"样式

图 3-35 文本居中显示

图 3-36 在字体对话框设置对齐方式

（2）通过段落选项框设置

① 选择需要设置对齐方式的文本段落，在"开始"→"段落"选项组单击快捷按钮 ，打开"段落"对话框。切换到"缩进和间距"选项下，在"常规"栏下的"对齐方式"选项中单击下拉按钮，选择合适的对齐方式，如选择"居中"方式，如图3-36所示，单击"确定"按钮。

② 完成设置后，所选段落完成居中对齐设置。

2. 段落缩进设置

（1）通过段落对话框设置

① 选择需要进行段落缩进的文本内容，在"开始"→"段落"选项组中单击快捷按钮 ，打开"段落"对话框，切换至"缩进和间距"选项卡，在"缩进"栏下，单击"特殊格式"下拉按钮，在下拉列表中选择"首行缩进"选项，如图3-37所示。

② 完成设置后，单击"确定"按钮，所选段落完成首行缩进的设置，效果如图3-38所示。

图 3-37 设置首行缩进

图 3-38 首行缩进效果

（2）通过标尺设置

① 将光标定位在需要进行段落缩进的开始处，拖动标尺上的滑块▽至合适的缩进距离，如拖动水平标尺至2字符处，如图3-39所示，完成首行缩进2个字符，松开鼠标即可。

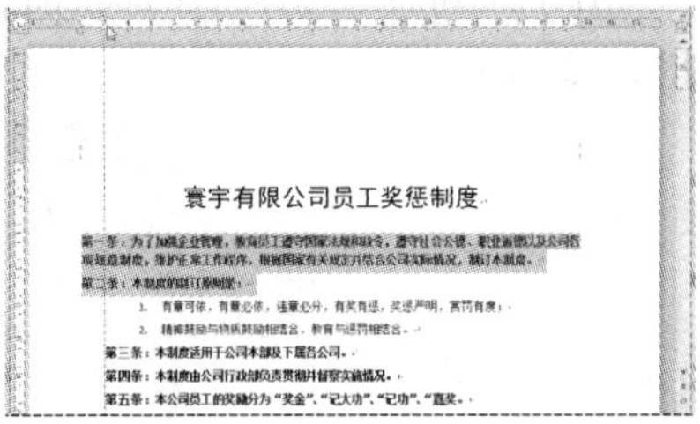

图3-39　使用标尺调整缩进距离

3. 行间距设置

行间距指的是在文档中的相邻行之间的距离，通过调整行间距可以有效地改善版面效果，使文档达到预期的预览效果。具体的行间距设置方法如下。

（1）通过快捷按钮快速设置

选择需要设置行间距的文本，在"开始"→"段落"选项组中单击"行和段落间距"按钮≡，打开下拉菜单，在下拉菜单中选择适合的行间距，如"2.0"选项，如图3-40所示。

图3-40　在菜单栏设置行距

图3-41　在"段落"对话框设置

（2）通过段落文本框设置

① 选择需要设置行间距的文本，在"开始"→"段落"选项组中单击快捷按钮，打开"段落"对话框。

② 切换到"缩进和间距"选项卡，在"间距"栏下，单击"行距"下拉按钮，在下拉列表中选择合适的行距，如选择"2倍行距"选项，如图3-41所示。

四、实验拓展

在使用Word 2010编辑文档的过程中，常常需要根据版面要求设置段落与段落之间的距离，下面介绍3种方法。

- 方法一

打开Word 2010文档页面，选中需要设置段落间距的段落，当然也可以选中全部文档。在"段落"中单击"行和段落间距"按钮，如图3-42所示。

图3-42　单击"行和段落间距"按钮

在下拉列表中选择"增加段前间距"或"增加段后间距"命令之一，以使段落间距变大，如图 3-43 所示。

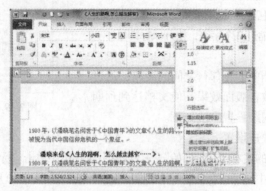

图 3-43 设置段前或段后间距

- 方法二

打开 Word 2010 文档页面，选中特定段落或全部文档。在"段落"中单击"显示'段落'对话框"按钮，如图 3-44 所示。

图 3-44 单击"显示'段落'对话框"按钮

在弹出的"段落"对话框的"缩进和间距"选项卡中设置"段前"和"段后"编辑框的数值，然后单击"确定"按钮，如图 3-45 所示。

图 3-45 "段落"对话框

- 方法三

打开 Word 2010 文档页面，单击"页面布局"选项卡，如图 3-46 所示。

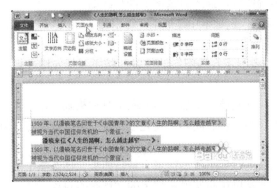

图 3-46　单击"页面布局"选项卡

在"段落"中设置"段前"或"段后"编辑框的数值，以实现段落间距的调整，如图 3-47 所示。

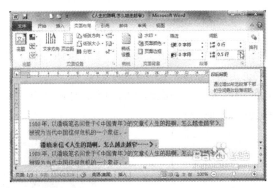

图 3-47　设置"段前"或"段后"的数值

实验四　图片、形状与 SmartArt 的应用

一、实验目的

- 掌握绘制和设置自选图形的基本方法。
- 熟练掌握图片和剪贴画插入、编辑及格式设置的方法。
- 熟练掌握 SmartArt 图形插入、编辑及格式设置的方法。

二、相关知识

1. 基本知识

要想使文档具有很好的美观效果，仅仅通过编辑和排版是不够的，有时还需要在文档中的适当位置放置一些图片并对其进行编辑修改以增加文档的美观程度。Word 2010 为提供了功能强大的图片编辑工具，用户无须其他专用的图片工具，即能完成对图片的插入、剪裁和添加图片特效，也可以更改图片亮度、对比度、颜色饱和度、色调等，能够轻松、快速地将简单的文档转换为图文并茂的艺术作品。通过新增的去除图片背景功能还能方便地移除所选图片的背景。

2. 自选图形

Word 2010 提供了很多自选图形绘制工具，其中包括各种线条、矩形、基本形状（圆、椭圆以及梯形等）、箭头、流程图等。插入自选图形的步骤如下。

① 单击功能区的"插入"选项卡中"插图"组中的"形状"按钮，在弹出的形状选择下拉框中选择所需的自选图形。

② 移动鼠标到文档中要显示自选图形的位置，按下鼠标左键并拖动至合适的图形大小后松开即可绘出所选图形。

自选图形插入文档后，在功能区中显示出绘图工具"格式"选项卡，与编辑艺术字类似，也可以对自选图形更改边框、填充色、阴影、发光、三维旋转以及文字环绕等设置。

3. Smart Art 图形

Word 2010 中的"Smart Art"工具增加了大量新模板，还新添了多个新类别，提供更丰富多彩的各种图表绘制功能，能帮助用户制作出精美的文档图表对象。使用"Smart Art"工具，可以非常方便地在文档中插入用于演示流程、层次结构、循环或者关系的 Smart Art 图形。

三、实验步骤

1. 图形的操作技巧

（1）插入形状

① 在"插入"→"插图"选项组中单击"形状"下拉按钮，在下拉菜单中选择合适的图形，如选择"基本形状"下的"折角型"，如图 3-48 所示。

② 拖动鼠标画出合适的形状大小，完成形状的插入，如图 3-49 所示。

图 3-48　选择形状样式

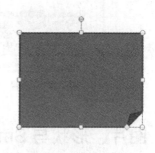

图 3-49　绘制形状

（2）调整图形的位置与大小

① 将光标定位在形状的控制点上，此时光标成十字形，按住鼠标左键进行缩放，如图 3-50 所示。

② 选中形状，将光标定位在形状上，按住鼠标左键，此时光标变成米字形，拖动鼠标进行随意的位置调整，直到合适位置时，如图 3-51 所示。

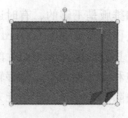

图 3-50　调整形状大小

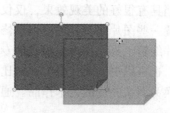

图 3-51　移动形状

（3）设置图形样式与效果

① 在"绘图工具"→"格式"→"形状样式"选项组中单击"形状样式"下拉按钮，在下拉菜单中选择适合的样式，如选择"浅色 1 轮廓，彩色填充——水绿色，强调文字颜色 5"，如图 3-52 所示。

② 插入的形状会自动完成添加外观样式的设置，达到美化效果，如图 3-53 示。

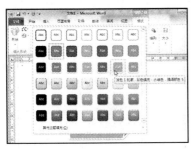

图 3-52　选择图形样式

图 3-53　应用样式后效果

2. 图片的操作技巧

（1）插入电脑中的图片

① 将光标定位在需要插入图片的位置，在"插入"→"插图"选项组中单击"图片"按钮，如图 3-54 所示。

② 打开"插入图片"对话框，选择图片位置再选择插入的图片，单击"插入"按钮，如图 3-55 所示。

图 3-54　单击"图片"按钮

图 3-55　选择图片

③ 单击"确定"按钮，即可插入计算机中的图片。

（2）设置图片大小调整

① 插入图片后，在"图片工具格式"→"大小"选项组中的"高度"与"宽度"文本框中手动输入需要调整图片的宽度和高度，如输入高度为"5.14"厘米，宽度为"8"厘米，如图 3-56 所示。

② 设置了图片的高度和宽度后，图片自动完成固定值的调整，效果如图 3-57 所示。

图 3-56　设置图片大小

图 3-57　设置后效果

（3）设置图片格式

① 在"图片工具"→"格式"→"图片样式"选项组中单击 ▾ 按钮，在下拉菜单中选择一种合适的样式，如"旋转，白色"样式，如图 3-58 所示。

② 单击该样式即可将效果应用到图片中，完成外观样式的快速套用，效果如图 3-59 所示。

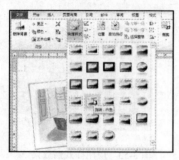

图 3-58　选择样式

图 3-59　应用图片样式

（4）设置图片效果

① 选中图片，在"图片工具"→"格式"→"图片样式"选项组中单击"图片效果"下拉按钮，在下拉菜单中选择"发光（G）"选项，在弹出的发光选项列表中选择合适的样式，如图 3-60 所示。

② 单击该样式即可应用于所选图片，完成图片特效的快速设置，效果如图 3-61 所示。

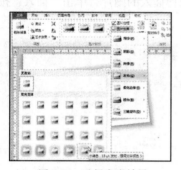

图 3-60　选择发光效果

图 3-61　应用效果

3．SmartArt 图形设置

（1）插入图形

① 在"插入"→"插图"选项组中单击"SmartArt"图形按钮，如图 3-62 所示。

② 打开"选择 SmartArt 图形"对话框，选择适合的图形样式，如图 3-63 所示。

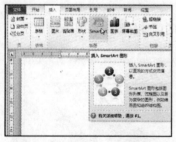

图 3-62　单击 SmaerArt 按钮

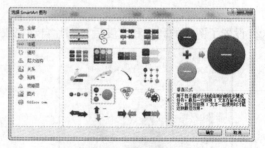

图 3-63　选择图形

③ 单击"确定"按钮，即可插入 SmartArt 图形，如图 3-64 所示。

④ 在图形的"文本"位置输入文字，即可为图形添加文字，如图 3-65 所示。

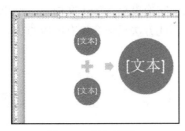

图 3-64 添加图形

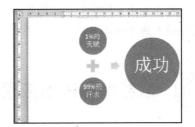

图 3-65 在图形中添加文字

（2）设更改 SmartArt 图形颜色

① 选中 SmartArt 图形，在"SmartArt 工具"→"设计"→"SmartArt 样式"选项组中单击"更改颜色"下拉按钮，在下拉菜单中选择适合的颜色。

② 系统会为 SmartArt 图形应用指定的颜色，如图 3-66 所示。

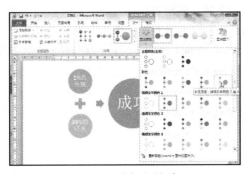

图 3-66 更改图形颜色

（3）设更改 SmartArt 图形样式

① 选中 SmartArt 图形，在"SmartArt 工具"→"设计"→"SmartArt 样式"选项组中单击"更改颜色"下拉按钮，在下拉菜单中选择适合的样式。

② 系统会为 SmartArt 图形应用指定的样式，如图 3-67 所示。

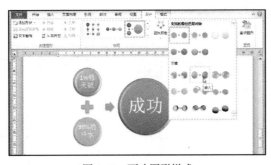

图 3-67 更改图形样式

四、实验拓展

快速将网页中的图片插入到 Word 文档中

在编辑 Word 文档时，需要将一张网页中正在显示的图片插入到文档中，一般的方法是把网页另存为"Web 页，全部（*.htm;*.html）"格式，然后通过 Word 的"插入"→"图片"→来自文件.."菜单把图片插入到文档中，这种方法虽然可行，但操作有些麻烦。下面一种简易可行的方法。

　　将 Word 的窗口调小一点，使 Word 窗口和网页窗口并列在屏幕上，然后用鼠标在网页中单击你需要插入到 Word 文档中的那幅图片不放，直接把它拖曳至 Word 文档中，松开鼠标左键，此时图片已经插入到 Word 文档中了。需要注意的是，此方法只适合没有链接的 JPG、GIF 格式图片。

实验五　表格和图表的应用

一、实验目的

- 掌握 Word 2010 创建表格和编辑表格的基本方法。
- 掌握 Word 2010 设计表格格式的常用方法。
- 掌握 Word 2010 图标的操作技巧。

二、相关知识

　　表格具有信息量大、结构严谨、效果直观等优点，而表格的使用可以简洁有效地将一组相关数据放在同一个正文中。因此，掌握表格制作的操作是十分必要的。

　　表格是用于组织数据的最有用的工具之一，以行和列的形式简明扼要地表达信息，便于读者阅读。在 Word 2010 中，不仅可以非常方便、快捷地创建一个新表格，还可以对表格进行编辑、修饰，如增加或删除一行（列）或多行（列），拆分或合并单元格，调整行高列宽，设置表格边框、底纹等，以增加其视觉上的美观程度，而且还能对表格中的数据进行排序以及简单计算等。

三、实验步骤

1. 表格的操作技巧

（1）插入表格

① 在"开始"→"表格"选项组中单击"插入表格"下拉按钮，在下拉菜单中拖动鼠标选择一个 5×5 的表格，如图 3-68 所示。

② 松开鼠标后即可在文档中插入一个 5×5 的表格，如图 3-69 所示。

图 3-68　选择表格行列数

图 3-69　插入表格

（2）将文本转化为表格

① 将文档中的"、"号和"："号更改为"，"号，在"插入"→"表格"选项组中单击"表格"下拉按钮，在下拉菜单中选择"文本转换成表格"命令，如图 3-70 所示。

② 打开"将文字转换成表格"对话框，选中"根据内容调整表格"单选钮，接着选中"逗号"

单选钮，如图 3-71 所示。

图 3-70　选择"将文本转换为表格"命令

图 3-71　设置转换样式

图 3-72　文本转换为表格

③ 单击"确定"按钮，即可将所选文字转换成表格内容，如图 3-72 所示。

（3）套用表格样式

① 单击表格任意位置，在"设计"→"表格样式"选项组中单击 按钮，在下拉菜单中选择要套样的表格样式，如图 3-73 所示。

② 选择套用的表格样式后，系统自动为表格应用选中的样式格式，效果如图 3-74 所示。

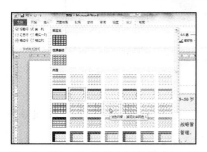

图 3-73　选择套用的样式

图 3-74　应用样式效果

2．图表的操作技巧

（1）插入图表

① 在"插入"→"图表"选项组中单击"图表"按钮，如图 3-75 所示。

② 打开"插入图表"对话框，在左侧单击"柱形图"，在右侧选择一种图表类型，如图 3-76 所示。

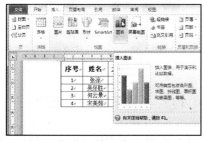

图 3-75　单击"图表"按钮

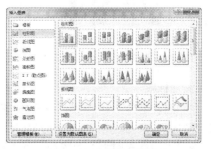

图 3-76　选择图表样式

③ 此时系统会弹出 Excel 表格，并在表格中显示了默认的数据，如图 3-77 所示。

④ 将需要创建表格的 Excel 数据复制到默认工作表中，如图 3-78 所示。

图 3-77　系统默认数据源

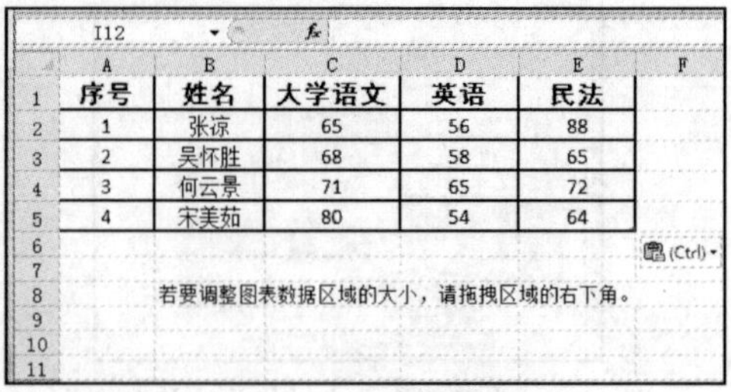

图 3-78　更改数据源

⑤ 系统自动根据插入的数据源创建柱形图，效果如图 3-79 所示。

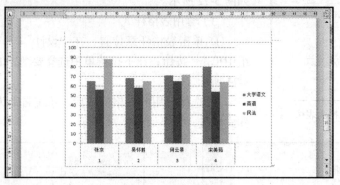

图 3-79　创建柱形图

（2）行列互换

在"图表工具"→"设计"→"数据"选项组中单击"切换行/列"按钮，如图 3-80 所示，即可更改图表数据源的行列表达，效果如图 3-81 所示。

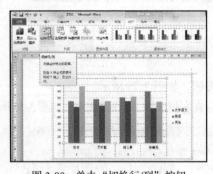

图 3-80　单击"切换行/列"按钮

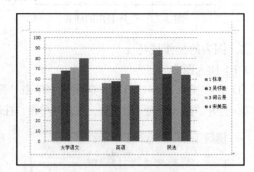

图 3-81　行列互换效果

（3）添加标题

① 在"图表工具"→"布局"→"标签"选项组中单击"图表标题"下拉按钮，在下拉菜单中选择"图表上方"命令，如图 3-82 所示。

② 此时系统会在图表上方添加一个文本框，在文本框中输入图表标题即可，效果如图 3-83 所示。

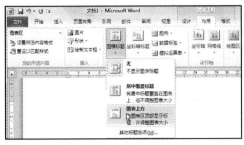

图 3-82　选择图表样式

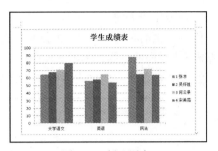

图 3-83　插入图表

四、实验拓展

Word 2010 中"斜线"的使用技巧

先选择要绘制斜线表头的单元格，调整好单元格的大小，选择菜单中"表格"→"绘制斜线表头"，在弹出的对话框中选择表头样式、字体大小（一般根据单元格大小选择合适的字号），输入标题文字，然后单击"确定"按钮，如果出现警告对话框，可不予理会，仍选择确定。这样绘制出的表头往往会出现有些文字显示不出来的现象，这时可运用一些技巧对斜线和文字格式进行调整。具体方法是：将鼠标指针移动到某一斜线上，单击鼠标右键，在弹出的快捷菜单中选择"组合→取消组合"命令，则每个文字都成为一个文本框，每条斜线都成为一条绘图线，这时就可以自由地对每个文字进行移动、改变大小等文本框的操作，对斜线可进行改变长度、角度等操作。调整完成后选取某一线段或文本框，单击鼠标右键，选择"组合→重新组合"命令即可。

实验六　页面布局

一、实验目的

- 熟练掌握 Word 2010 页面设置的操作方法。
- 熟练掌握 Word 2010 页面背景格式的操作方法。

二、相关知识

1. 页面布局

对页面中的文字、图形或表格进行格式设置，包括字体、字号、颜色、纸张大小和方向、页边距等。

2. 页面背景

指显示于 Word 文档最底层的颜色或图案，用于丰富 Word 文档的页面显示效果。

三、实验步骤

1. 更改页边距

① 在"页面布局"→"页面设置"选项组中单击"页边距"下拉按钮，在下拉菜单中提供了 5 种具体的页面设置，分别为"普通，窄，适中，宽，上次的自定义设置"选项，如图 3-84 所示，用户可根据需要选择页边距样式。

图 3-84　选择"适中"页边距

2. 更改纸张方向

① 在"页面布局"→"页面设置"选项组中单击"纸张方向"下拉按钮，打开下拉菜单，默认情况下为纵向的纸张，单击"横向"选项，如图 3-85 所示。

② 文档的纸张方向更改为横向，效果如图 3-86 所示。

图 3-85　选择"横向"纸张

图 3-86　横向纸张效果

3. 更改纸张大小

① 在"页面布局"→"页面设置"选项组单击快捷按钮，如图 3-87 所示。

② 打开"页面设置"对话框，单击"纸张大小"下拉按钮，在下拉菜单中选择"16 开"，如图 3-88 所示。

图 3-87　单击快捷按钮

图 3-88　选择纸张

③ 单击"确定"按钮，即可完成设置。

4. 为文档添加文字水印

① 在"页面布局"→"页面背景"选项组中单击"水印"下拉按钮，在下拉菜单中选择"自定义水印"命令，如图 3-89 所示。

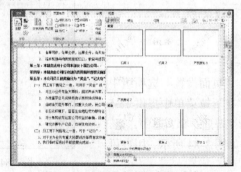

图 3-89　选择"自定义水印"命令

② 打开"水印"对话框,选中"文字水印"单选钮,单击"文字"右侧文本框下拉按钮,在下拉菜单中选择"传阅"选项,然后设置文字颜色,如图 3-90 所示。

图 3-90 "水印"对话框

③ 单击"确定"按钮,系统即可为文档添加自定义的水印效果,如图 3-91 所示。

图 3-91 插入水印效果

四、实验拓展

在横页面的下方插入纵页

具体操作步骤如下。

① 用鼠标左键单击图 3-92 中的"分隔符"按钮。

图 3-92 单击"分隔符"按钮

② 在出现的下拉菜单中选择"下一页"选项,如图 3-93 所示。

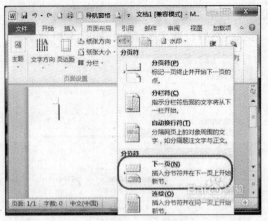

图 3-93　选择"下一页"选项

③ 这时 Word 已经增加了一个页面，光标停留在新增加的页面上。如图 3-94 所示。

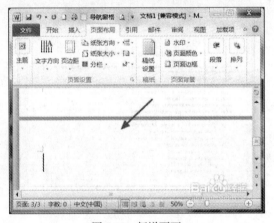

图 3-94　新增页面

④ 选择"纸张方向"按钮下拉菜单中的"纵向"选项，如图 3-95 所示。

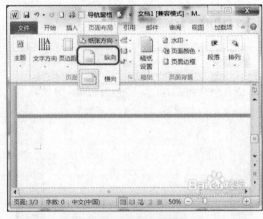

图 3-95　设置纸张方向

⑤ 从图 3-96 中箭头所指的页面可以看出，Word 将新增加的页面已经变成了纵向，而它的上一页还是横向，如图 3-96 所示。

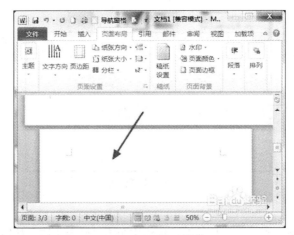

图 3-96　页面显示效果

实验七　页眉页脚和页码设置

一、实验目的

- 熟练掌握 Word 2010 页眉页脚的操作方法。
- 熟练掌握 Word 2010 页码的插入方法。

二、相关知识

页眉和页脚中含有在页面的顶部和底部重复出现的信息，可以在页眉和页脚中插入文本或图形，如页码、日期、公司徽标、文档标题、文件名或作者名等。页眉与页脚只能在页面视图下才可以看到，页面顶部的叫作页眉，页面底部的叫作页脚。

三、实验步骤

1. 插入页眉

① 在"插入"→"页眉和页脚"选项组中单击"页眉"下拉按钮，在下拉菜单中选择页眉样式，如图 3-97 所示。

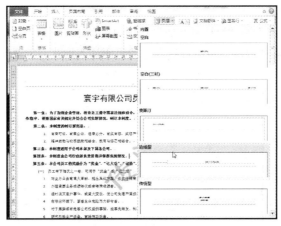

图 3-97　插入页眉

② 在插入文档的页眉样式里，单击页眉样式提供的文本框，编辑内容，完成页眉的快速插

入，如图 3-98 所示。

图 3-98　输入页眉

2. 插入页脚

① 在"页眉和页脚工具"→"导航"选项组中单击"转至页脚"按钮，如图 3-99 所示。

图 3-99　转至页脚

② 切换到页码区域，在页码区域中输入文字，如图 3-100 所示。

图 3-100　设置页脚

3. 插入页码

① 在"页眉页脚工具"→"页眉和页脚"选项组中单击"页码"下拉按钮，在下拉菜单中选择"页面底端"命令，在弹出的菜单中选择合适的页码插入形式，如选择"普通数字 2"命令，如图 3-101 所示。

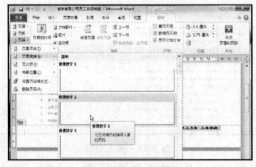

图 3-101　插入页码

② 设置完成后，在"页眉页脚工具"→"关闭"选项组中单击"关闭页眉页脚"按钮，即可完成设置，效果如图 3-102 所示。

图 3-102　插入后效果

四、实验拓展

设置非统一的页眉页脚

首先为整篇文档设置页眉页脚，把页脚的起始页码设为 0，然后选择首页不同，这时第一页不显示页码，第二页显示的页脚是 1，然后在第一页末尾处插入分节符，这时会发现第二页页脚处也没有页码了，而第三页页脚的页码显示的是 1。

因此这个技巧的顺序就是：页眉页脚设置一次，页码设为 0；首页不同一次；第一页页末插入分节符一次。很简单的 3 步就可以完成从第 3 页页脚开始显示页码的任务了。

实验八　目录、注释、引文与索引

一、实验目的

- 熟练掌握 Word 2010 目录的使用方法。
- 熟练掌握 Word 2010 注释的使用方法。
- 熟练掌握 Word 2010 引文与索引的使用方法。

二、相关知识

1. 目录

在最后编辑完成后通常的做法是创建一个目录，目录中列举了各个段落和章节的标题，并标示了每一个标题的页码，以方便我们快速了解整篇文档的组成结构和快速定位到欲查找的段落。在创建这个目录时，也可以按照要求把标题一个个输进去，并输入页码。但这样做是不可取的，因为如果修改文档内容造成标题"串页"后，将对目录页码的更新带来很大麻烦，而使用自动生成的目录则完全没有这些困扰。

2. 索引

索引是根据一定需要，把书刊中的主要概念或各种题名摘录下来，标明出处、页码，按一定次序分条排列，以供查阅的资料。它是图书中重要内容的地址标记和查阅指南。设计科学合理的索引不但可以使阅读者倍感方便，而且也是图书品质良好的重要标志之一。Word 就提供了图书排版的索引功能。

三、实验步骤

1. 设置目录大纲级别

① 在"视图"→"文档视图"选项组中单击"大纲视图"按钮。

② 打开"大纲视图"对话框,按 Ctrl 键依次选中要设置为一级标题的标题，在"大纲视图"下拉按钮中选择"一级"选项，如图 3-103 所示。

图 3-103 设置一级标题

③ 按 Ctrl 键依次选中要设置为二级标题的标题，在"大纲视图"下拉按钮中选择"二级"选项，如图 3-104 所示。

图 3-104 设置二级标题

2. 提取文档目录

① 将光标定位到文档的起始位置，在"引用"→"目录"选项组中单击"目录"下拉按钮，在下拉菜单中选择"插入目录"命令，图 3-105 所示。

图 3-105 插入目录

② 打开"目录"对话框，即可显示文档目录结构，系统默认只显示 3 级目录，如果长文档目录级别超过 3 级，在"常规"列表中的"显示级别"文本框中手动设置要显示的级别，单击"确定"按钮，如图 3-106 所示。

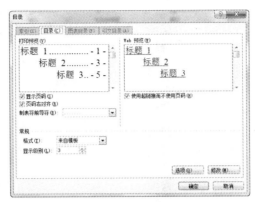

图 3-106　查看目录效果

③ 设置完成后，单击"确定"按钮，目录显示效果如图 3-107 所示。

图 3-107　添加目录

3. 目录的快速更新

① 对文档目录进行更改后，在"引用"→"目录"选项组中单击"更新目录"按钮，如图 3-108 所示。

② 打开"更新目录"对话框，选中"更新整个目录"单选钮，单击"确定"按钮，如图 3-109 所示，即可更新目录。

 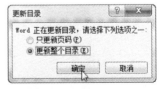

图 3-108　更新目录　　　　　　　　图 3-109　更新整个目录

4. 设置目录的文字格式

① 打开文档，在"引用"→"目录"选项组中单击"目录"下拉按钮，在下拉菜单中选择"插

入目录"命令,打开"目录"对话框,单击"修改"按钮,如图 3-110 所示。

② 打开"样式"对话框,在列表框中选择目录,可以看到预览效果,单击"修改"按钮,如图 3-111 所示。

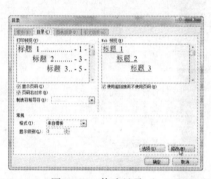

图 3-110　修改目录

图 3-111　修改目录 1

③ 打开"修改样式"对话框,重新设置样式格式,如字体、字号、颜色等,如图 3-112 所示。

④ 设置完成后,单击"确定"按钮,返回到"样式"对话框,可以看到预览效果(见图 3-113)。选择"目录 2"再次单击"修改"按钮,打开"修改样式"对话框进行设置。

图 3-112　修改目录字体颜色

图 3-113　修改效果

⑤ 所有目录设置完成后,回到"目录"对话框中,可以看到预览效果,如图 3-114 所示。

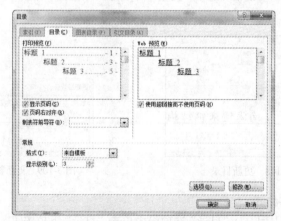

图 3-114　完全修改后效果

⑥ 单击"确定"按钮，退出"目录"对话框，弹出"是否替换所选目录"对话框，单击"是"按钮，设置好的效果即应用到目录中，效果如图 3-115 所示。

图 3-115　设置目录文字格式

5. 在文档中插入图片题注

① 打开文档，选中需要添加题注的图片，在"引用"→"题注"选项组中单击"插入题注"按钮，如图 3-116 所示。

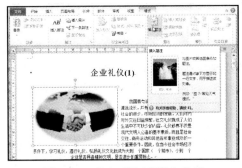

图 3-116　单击"插入题注"按钮

② 打开"题注"对话框，单击"新建标签"按钮，如图 3-117 所示。

③ 打开"新建标签"对话框，在"标签"文本框中输入"图片"，如图 3-118 所示。

图 3-117　单击"新建标签"按钮

图 3-118　新建标签

④ 单击"确定"按钮，即可为选中的图片添加"图片 1"的题注，如图 3-119 所示。

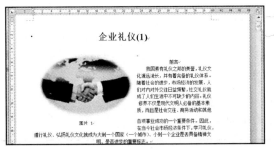

图 3-119　插入题注效果

6. 在指定位置插入索引内容

① 将插入点定位到要插入索引的位置，在"引用"→"索引"选项组中单击"插入索引"按钮，如图 3-120 所示。

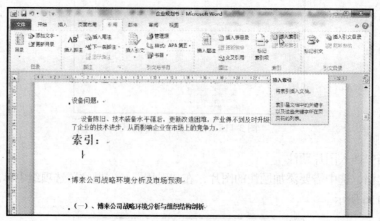

图 3-120　单击"插入索引"按钮

② 打开"索引"对话框，勾选"页码右对齐"复选框，设置"栏数"为 1，选择"排序依据"为"拼音"，单击"标记索引项"按钮，如图 3-121 所示。

③ 打开"标记索引项"对话框，在"主索引项"文本框中输入需要索引的内容，如图 3-122 所示。

图 3-121　设置索引格式

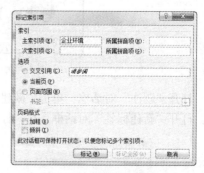

图 3-122　设置索引内容

④ 单击"标记"按钮，在"索引"选项组中再次单击"插入索引"按钮，即可在文档中插入索引，效果如图 3-123 所示。

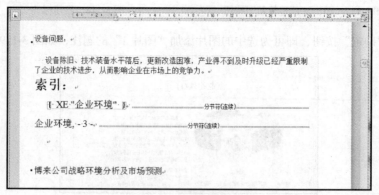

图 3-123　添加索引效果

一、实验目的

- 熟练掌握 Word 2010 拼音和语法的检查方法。
- 熟练掌握 Word 2010 批注的插入方法。

二、相关知识

在 Word 中不但可以对英文进行拼写与语法检查，还可以对中文进行拼写和语法检查，这个功能大大减少了文本输入的错误率，使单词和语法的准确性更高。当 Word 检查到有错误的单词或中文时，就会用红色波浪线标出拼写的错误，用绿色波浪线标出语法的错误。

由于有些单词或词组有其特殊性，如在文档中输入"photoshop"就会认为是错误的，但事实上并非错误，因此，Word 拼写和语法检查后的错误信息，并非绝对就是错误，对于一些特殊的单词或词组仍可视为正确。

另外，可用手动方式进行拼写和语法检查。单击"审阅"功能区中"校对"选项组中的"拼写和语法"按钮，打开"拼写和语法"对话框，在"不在词典中"列表框中将显示出查到的错误信息，在"建议"列表框中则显示 Word 建议替换的内容。此时若要用"建议"列表框中的内容替换错误信息，可以选中"建议"列表框中的一个替换选项后单击"更改"按钮。若要跳过此次的检查，则可单击"忽略一次"按钮。如果单击"添加到词典"按钮，则可将当前拼写检查后的错误信息加入到词典中，以后检查到这些内容时，Word 都将视为是正确的。

为了提高拼写检查的准确性，可以在"拼写和语法"对话框中的"词典语言"下拉列表框中选择用于拼写检查的字典。

三、实验步骤

1. 检查文档

① 在"审阅"→"校对"选项组中单击"拼音和语法"按钮，如图 3-124 所示。

② 打开"拼写和语法：中文（中国）"对话框，即可看到在"输入错误或特殊用法"列表框中显示了系统认为错误的文字，并在"建议"列表框中给出了修改建议，如图 3-125 所示。

图 3-124　单击"拼音与语法"按钮

图 3-125　对文档进行检查

③ 如果文字没有错误，可以直接单击"忽略一次"或"下一句"按钮，即可进入下一处检查，直至文档结束。如果单击"全部忽略"按钮，则忽略整个文档的检查。

2. 插入批注

① 选中需要插入批注的文本，在"审阅"→"批注"选项组中单击"新建批注"按钮，如图 3-126 所示。

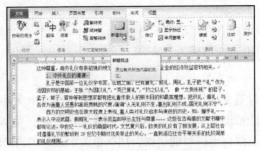

图 3-126　单击"新建批注"按钮

② 系统自动在文档右侧添加一个批注框，在其中输入批注内容即可，效果如图 3-127 所示。

图 3-127　插入批注

实验十　文档的保护与打印

一、实验目的

· 熟练掌握 Word 2010 文档保护的操作方法。

· 熟练掌握 Word 2010 文档打印的操作方法。

二、相关知识

1. 文档的保护

如果文档要求保密，则可设置"打开权限密码"，没有打开权限密码，将无法打开文档；如果文档允许用户查看，但不允许修改，则可设置"修改权限密码"，没有修改权限密码，将只能以"只读"方式打开浏览。

2. 文档的打印

Word 2010 将打印预览、打印设置及打印功能都融合在了"文件"菜单的"打印"命令面板，该面板分为两部分，左侧是打印设置及打印，右侧是打印预览。在左侧面板中整合了所有打印相关的设置，包括打印份数、打印机、打印范围、打印方向及纸张大小等，也能根据右侧的预览效果进行页边距的调整以及设置双面打印，还可通过面板右下角的"页面设置"打开用户在打印设置过程中最常用的"页面设置"对话框。在右侧面板中能看到当前文档的打印预览效果，通过预览区下方左侧的翻页按钮能进行前后翻页预览，调整右侧的滑块能改变预览视图的大小。在 Word

早期版本中，用户需要在修改文档后，通过"打印预览"选项打开打印预览功能，而在 Word 2010，用户无须进行以上操作，只要打开"打印"命令面板，就能直接显示出实际打印出来的页面效果，并且当用户对某个设置进行更改时，页面预览也会自动更新。

在 Word 2010 中，打印文档可以边进行打印设置边进行打印预览，设置完成后可以直接一键打印，大大简化了打印工作，节省了时间。

三、实验步骤

1. 用密码保护文档

① 单击"文件"→"信息"命令，在右侧窗格单击"保护文档"下拉按钮，在其下拉列表中选择"用密码进行加密"，如图 3-128 所示。

图 3-128　选择保护方式

② 打开"加密文档"对话框，在"密码"文本框中输入密码，单击"确定"按钮，如图 3-129 所示。

③ 打开"确认密码"对话框，在"重新输入密码"文本框中再次输入设置的密码，单击"确定"按钮，如图 3-130 所示。

图 3-129　输入密码

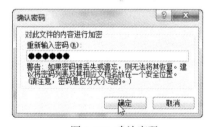

图 3-130　确认密码

图 3-131　打印文档

④ 关闭文档后，再次打开文档时，系统会提示先输入密码，如果密码不正确则不能打开文档。

2. 打印文档

① 单击"文件"→"打印"命令，在右侧窗格单击"打印"按钮，即可打印文档，如图 3-131 所示。

② 在右侧窗格的"打印预览"区域，可以看到预览情况。在"打印所有文档"下拉列表中可以设置打印当前页或打印整个文档。

③ 在"单面打印"下拉菜单中可以设置单面打印或者手动双面打印。

④ 还可以设置打印纸张方向、打印纸张、正常边距等，用户可以根据需要自行设置。

四、实验拓展

利用后台视图轻松打印和预览文档

在 Word 2010 中，对文档的打印功能进行了很大程度的改进，用户可以通过 Word 2010 提供的后台视图来快速完成打印前的预览工作。

打开后台视图，在左侧的导航栏中单击"打印"按钮，此时可以在右侧的预览窗口中看到文档的打印效果，这里可以对打印的页面、纸张方向，以及缩放的比例进行详细设置。设置完成，单击打印按钮即可。

如果页面应用了背景颜色，在预览中并没有显示背景，这是因为在默认状态下，Word 2010 并不对页面的颜色进行打印，如果需要，可以在 Word 的打印选项里选择打印背景色和图像。

第4章

Excel 2010 电子表格

一、实验目的

- 熟练掌握 Excel 2010 的启动与退出方法，认识 Excel 2010 主窗口的屏幕对象。
- 熟练掌握操作 Excel 2010 功能区、选项卡、组和对话框的方法。
- 熟练掌握利用 Excel 2010 的启动、保存、关闭和打开文档的方法。

二、相关知识

1. Excel 2010 窗口组成

Excel 2010 提供了全新的应用程序操作界面，其窗口组成如图 4-1 所示。

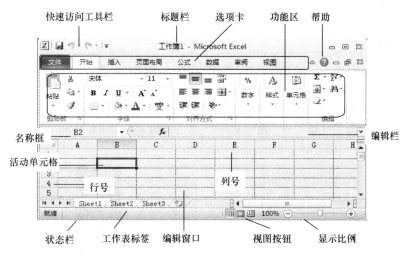

图 4-1   Excel 2010 窗口的组成

- 快速访问工具栏：显示多个常用的工具按钮，默认状态下包括"保存"按钮、"撤销"按钮、"恢复"按钮。用户也可以根据需要进行添加或更改。
- 标题栏：显示正在编辑的工作表的文件名以及所使用的软件名。
- 选项卡：单击相应的选项卡，在功能区中提供了不同的操作设置选项。例如，"文件"选项卡，使用基本命令（如"新建"、"打开"、"另存为"、"打印"和"关闭"）时单击此按钮，选择"选项"可以进行相应默认值的设定。
- 功能区：当用户单击功能区上方的选项卡时，即可打开相应的功能区选项。图 4-1 所示为打开了"开始"选项卡，在该区域中用户可以对字体、段落等内容进行设置。
- 窗口操作按钮：用于设置窗口的最大化、最小化或关闭窗口。

- 工作簿窗口按钮：用于设置 Excel 窗口中打开的工作簿窗口。
- 帮助按钮：用于打开 Excel 的帮助文件。
- 名称框：显示当前所在单元格或单元格区域的名称或引用。
- 编辑栏：可直接在此向当前所在单元格输入数据内容；在单元格中输入数据时也会同时在此显示。
- 编辑窗口：显示正在编辑的工作表。工作表由行和列组成，工作表中的方形称为"单元格"。用户可以在工作表中输入或编辑数据。
- 状态栏：显示当前的状态信息，如页数、字数、输入法等信息。
- 工作表标签：单击相应的工作表标签即可切换到工作簿中的该工作表下，默认情况下一个工作簿中含有 3 个工作表。
- 视图按钮：包括"普通"视图、"页面布局"视图和"分页预览"视图，单击想要显示的视图类型按钮即可切换到相应的视图方式下，对工作表进行查看。
- 显示比例：用于设置工作表区域的显示比例，拖动滑块可进行方便快捷的调整。

2. Excel 2010 的文档格式

Excel 2010 的文档格式与以前版本不同，它以 XML 格式保存，其新的文件扩展名是在以前文件扩展名后加上 x 或 m。x 表示不含宏的 XML 文件，m 表示含有宏的 XML 文件。例如，Excel 2010 工作簿的扩展名是 xlsx，Excel 2010 启用宏的工作簿的扩展名是 xlsm，Excel 2010 模板的扩展名是 xltx，Excel 2010 启用宏的模板扩展名是 xltxm。

三、实验步骤

1. Excel 2010 的启动

在学习 Excel 2010 前，首先需要启动 Excel2010。启动 Excel 2010 有以下几种方法。

方法一：如果在计算机桌面上创建了 Excel 2010 快捷方式（见图 4-2），可以使用鼠标左键双击该快捷方式图标来启动 Excel 2010。

方法二：通过单击"开始"→"所有程序"→"Microsoft Office"→"Microsoft Excel 2010"菜单命令（见图 4-3），即可启动 Microsoft Excel 2010。

图 4-2　双击快捷方式启动 Excel2010　　　　图 4-3　单击菜单命令启动 Excel2010

方法三：如果在快速启动栏中建立了 Excel 的快捷方式，可直接单击快捷方式图标启动 Excel 2010。

方法四：按 Win+R 组合键，调出"运行"对话框，输入"excel"，然后单击"确定"按钮（见图 4-4），也可启动 Excel 2010。

2. Excel 2010 的保存

保存建立的工作簿，文件位置放在"实验一"文件夹下，文件名为"学生成绩"。具体操作步骤如下。

① 启动 Excel 2010 应用程序，单击"文件"→"保存"命令，弹出"另存为"对话框，如图 4-5 所示。

图 4-4 "运行"对话框

图 4-5 "另存为"对话框

② 在"保存位置"下拉列表中选择要将该文档保存的盘符、文件夹等位置，这里选择"实验一"文件夹，在"文件名"文本框中输入文件名"学生成绩"。

③ 操作完成后，单击"保存"按钮即可。

3. Excel 2010 的退出

下面介绍退出 Excel 2010 的几种方法。

方法一：打开 Excel 2010 程序后，单击程序右上角的"关闭"按钮 ▇▇ X ▇▇（见图 4-6），即可快速退出主程序。

方法二：打开 Excel 2010 程序后，单击"开始"→"退出"命令，即可快速退出当前打开的 Excel 工作簿，如图 4-7 所示。

图 4-6 单击"关闭"按钮

图 4-7 使用"退出"命令

方法三：直接按 Alt+F4 组合键退出 Excel 2010 程序。

四、实验拓展

1. 修改默认文件保存路径

启动 Excel 2010，单击"工具"→"选项"命令，打开"选项"对话框，在"常规"标签中，将"默认文件位置"文本框中的内容修改为需要定位的文件夹完整路径。以后新建 Excel 工作簿，进行"保存"操作时，系统打开"另存为"对话框后直接定位到这里指定的文件夹中。

2. 设置自动保存文档的位置

当用户保存文档时，如果不选择保存文档的位置，系统自动将文档保存到系统的默认位置，根据用户需要可以随时设置系统默认保存文档的位置。保存文档的位置可以是桌面、磁盘、文件夹、库中等。

具体操作步骤如下。

① 单击"文件"→"选项"命令，单击"保存"选项卡，打开"Excel 选项"对话框，如图 4-8 所示。

② 在"选项"对话框中，将文件的保存格式设置为"*.xlsx"。

③ 单击"默认文件位置"后的"浏览"按钮，选择一个保存文档的文件夹。

④ 单击"确定"按钮即可。

提示

设置好默认文件夹后，编辑工作表时就不用在每次保存表格时考虑选择保存工作表的位置问题，系统将会按照"默认文件位置"保存 Excel 表格。

3. 设置自动保存文档的时间间隔

Excel 2010 提供了自动保存文档的时间间隔，该项设置可避免因停电、死机等意外而造成的文档丢失。

具体操作步骤如下。

图 4-8　修改系统默认设置

① 单击"文件"→"选项"命令，单击"保存"选项卡，打开"Excel 选项"对话框，如图 4-8 所示。

② 在对话框中将"保存自动恢复信息时间间隔"设置为 5 分钟。

4. 设置自动恢复文件的位置

根据需要设置自动恢复文件的位置，用户可以从这里找到被恢复的文档文件。

具体操作步骤如下。

① 单击"文件"→"选项"命令，单击"保存"选项卡，打开"Excel 选项"对话框。

② 单击"自动恢复文件位置"文本框旁边的"浏览"按钮，设置自动恢复文件的具体位置，可以是磁盘、文件夹等。

实验二　工作簿与工作表操作

一、实验目的

- 熟练掌握 Excel 2010 工作簿和工作表的创建操作。
- 熟练掌握工作簿的操作，包括插入、删除、移动、复制、重命名工作表等。

二、相关知识

1. 工作簿

工作簿是 Excel 2010 用来处理和存储数据的文件，其扩展名为.xlsx，其中可以含有一个或多个工作表。实质上，工作簿是工作表的容器。第一次启动 Excel 2010 时，系统会打开一个名为工作簿 1 的空白工作簿。用户在保存工作簿时，可以重新定义自己的工作簿名称。

2. 工作表

在 Excel 2010 中，每个工作簿就像是一个大的活页夹，当用户打开一个工作簿，里面会含有 3 张工作表，名称为别为 Sheet1、Sheet2 和 Sheet3。工作表是工作簿的重要组成部分，如图 4-9 所示。Excel 系统默认一个工作簿当中可以含有的最大工作表数为 255 个。当工作簿很多的时候，可以使用工作表标签左侧的 4 个导向按钮，快速方便的找到自己想要操作的工作表。

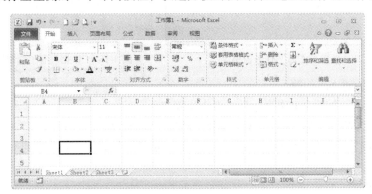

图 4-9　空白工作簿

三、实验步骤

1. 创建工作簿

在 Excel 2010 中可以采用多种方法新建工作簿，可以通过下面介绍来实现。

（1）新建一个空白工作簿

方法一：启动 Excel 2010 应用程序后，立即创建一个新的空白工作簿，如图 4-10 所示。

方法二：在打开 Excel 一个工作表后，按 Ctrl+N 组合键，立即创建一个新的空白工作簿。

方法三：单击"文件"→"新建"命令，在右侧选中"空白工作簿"，接着单击"创建"按钮（见图 4-11），立即创建一个新的空白工作簿。

图 4-10　创建空白工作簿

图 4-11　根据模板创建

（2）根据现有工作簿建立新的工作簿

根据工作簿"学生成绩"建立一个新的工作簿，具体操作步骤如下。

① 启动 Excel 2010 应用程序，单击"文件"→"新建"命令，打开"新建工作簿"任务窗格，在右侧选中"根据现有内容新建"，如图 4-12 所示。

② 打开"根据现有工作簿新建"对话框，选择需要的工作簿文档，如"学生成绩"，单击"新建"按钮即可根据工作簿"学生成绩"建立一个新的工作簿，如图 4-13 所示。

图 4-12　"新建工作簿"任务窗格

图 4-13　"根据现有工作簿新建"对话框

（3）根据模板建立工作簿

根据模板建立一个新的工作簿，具体操作步骤如下。

① 单击"文件"→"新建"命令，打开"新建工作簿"任务窗格。

② 在"模板"栏中有"可用模板"、"Office.com 模板"，可根据需要进行选择，如图 4-14 所示。

2. 插入工作表

用户在编辑工作簿的过程中，如果工作表数目不够用，可以通过下面介绍的方法来插入工作表。

① 单击工作表标签右侧的插入工作表按钮  来实现，如图 4-15 所示。

图 4-14　"新建工作簿"任务窗格

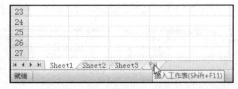

图 4-15　单击"插入工作表"按钮

② 单击一次，可以插入一个工作表，如图 4-16 所示。

3. 删除工作表

下面介绍删除工作簿中 Sheet4 工作表的方法。

在 Sheet4 工作表标签上用鼠标右键单击，在弹出的快捷菜单中选择"删除"命令，即可删除 Sheet4 工作表，如图 4-17 所示。

图 4-16　插入 Sheet4 工作表

图 4-17　单击"删除"命令

4. 移动或复制工作表

移动或复制工作表可在同一个工作簿内也可在不同的工作簿之间来进行，具体操作步骤如下。

① 选择要移动或复制的工作表，如图 4-18 所示。

② 鼠标右键单击要移动或复制的工作表标签，选择"移动或复制工作表"命令，打开"移动或复制工作表"对话框，如图 4-19 所示。

图 4-18　选择快捷菜单"重命名"

图 4-19　"移动或复制工作表"

③ 在"工作簿"下拉列表中选择要移动或复制到的目标工作簿名，如"学生成绩"。

④ 在"下列选定工作表之前"列表框中选择把工作表移动或复制到"学生成绩"工作表前。

⑤ 如果要复制工作表，应选中"建立副本"复选框，否则为移动工作表，最后单击"确定"按钮。

四、实验拓展

Excel 2010 共享工作簿的设置方法

在平时工作中制作 Excel 表格或者图表时，我们可以将文件设置成共享工作簿，然后给同事一起进行编辑，这样就可以大大提高我们的工作效率。

① 启动 Excel2010，打开一个 Excel 文件。

② 切换到"审阅"选项卡，在"更改"组中单击"共享工作簿"按钮。

③ 进入"共享工作簿"对话框，然后在该对话框中选中"允许多用户同时编辑，同时允许工作簿合并"复选框。

④ 切换到"高级"选项卡，然后根据自己的需要进行设置。

⑤ 返回 Excel 2010，就可以看到上方的标题出了一个"[共享]"的提示。

实验三　单元格操作

一、实验目的

- 熟练掌握 Excel 2010 单元格的基本操作。

二、相关知识

行列交叉行成很多的小方格，即为单元格。单元格是组成工作表的最小单位，正在编辑的单元格称为活动单元格，数据的操作都在单元格中进行。工作表中每一列的列标由 A、B、C 等字母表示，每一行的行号由 1、2、3 等数字表示，Excel 2010 中单元格的命名是按照单元格所在的列标和行号来进行命名的，如单元格 A1，是指位于第 A 列第 1 行交叉点上的单元格，如图 4-20 所示。

如果要表示一个连续的单元格，可以用该区域左上角和右下角的单元格表示，中间用冒号（:）分隔。例如，A1:D3 表示从 A1 到 D3 的矩形单元格区域，如图 4-21 所示。

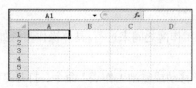

图 4-20　单元格

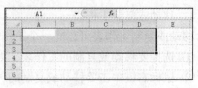

图 4-21　单元格区域

三、实验步骤

1. 选择单元格

在单元格中输入数据之前，先要选择单元格。

（1）选择单个单元格

选择单个单元格的方法非常简单，具体操作步骤如下：

将鼠标指针移到需要选择的单元格上，单击该单元格即可选择，选择后的单元格四周会出现一个黑色粗边框，如图 4-22 所示。

（2）选择连续的单元格区域

要选择连续的单元格区域，可以按照如下两种方法操作。

方法一：拖动鼠标选择。若选择 A3:F10 单元格区域，可单击 A3 单元格，按住鼠标左键不放并拖动到 F10 单元格，此时释放鼠标左键，即可选中 A3:F10 单元格区域，如图 4-23 所示。

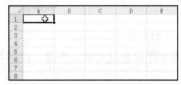

图 4-22　选择单个单元格

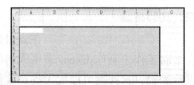

图 4-23　拖动鼠标选择单元格区域

方法二：快捷键选择单元格区域。若选择 A3:F10 单元格区域，可单击 A3 单元格，在按住 Shift 键的同时，单击 F10 单元格，即可选中 A3:F10 单元格区域。

（3）选择不连续的单元格或区域

操作步骤如下：

按住 Ctrl 键的同时，逐个单击需要选择的单元格或单元格区域，即可选择不连续单元格或单元格区域，如图 4-24 所示。

2. 插入单元格

在编辑表格过程中有时需要不断地更改，如规划好框架后发现漏掉一个元素，此时需要插入单元格，具体操作步骤如下。

① 选中 A5 单元格，在"开始"→"单元格"选项组中单击"插入"下拉按钮，选择"插入单元格"命令，如图 4-25 所示。

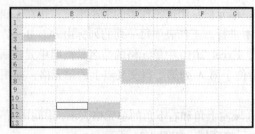

图 4-24　选择不连续的单元格或单元格区域

图 4-25　选中 A5 单元格

② 弹出"插入"对话框，选择在选定的单元格之前还是单元格的上面插入单元格，如图 4-26 所示。

③ 单击"确定"按钮，即可插入单元格，如图 4-27 所示。

图 4-26 "插入"对话框

图 4-27 插入单元格后的结果

3. 删除单元格

操作步骤如下：

删除单元格时，先选中要删除的单元格，在右键菜单中选择"删除"命令，接着在弹出的"插入"对话框中选择"右侧单元格左移"或"下方单元格上移"即可。

4. 合并单元格

单元格合并在表格的编辑过程中经常需要使用到，包括将多行合并为一个单元格、多列合并为一个单元格、多行多列合并为一个单元格，具体操作步骤如下。

① 在"开始"→"对齐方式"选项组中单击"合并后居中"下拉按钮，展开下拉菜单，如图 4-28 所示。

② 单击"合并后居中"选项，其合并效果如图 4-29 所示。

图 4-28 "合并后居中"下拉菜单

图 4-29 合并后的效果

5. 调整行高和列宽

当单元格中输入的内容过长时，可以调整行高和列宽，具体操作步骤如下。

① 选中需要调整行高的行，在"开始"→"单元格"选项组中单击"格式"下拉按钮，在下拉菜单中选择"行高"选项，如图 4-30 所示。

② 弹出"行高"对话框，在"行高"文本框中输入要设置的行高值，如图 4-31 所示。

图 4-30 "格式"下拉菜单

图 4-31 "行高"对话框

要调整列宽，方法类似。

四、实验拓展

行高和列宽的自动适应

行高的单位是磅，默认行高为 13.5 磅，用户可以将行高指定为 0～409 磅；列宽表示在用标准字体进行格式设置的单元格中显示的字符数，默认列宽为 8.38 个字符，用户可以将列宽指定为 0～255 字符。

当工作表中数据较多且行高比较凌乱时，可以选择更改行高以自动适应内容，操作方法是：单击工作表最左上角的"全选"按钮，然后双击任意两行之间的边界即可，更改列宽以自动适应内容也可如此操作。

实验四 数据输入

一、实验目的

- 熟练掌握 Excel 2010 各种类型数据的输入方法。

二、相关知识

在 Excel 2010 中，单元格中可以输入各种类型的数据，这些数据分为两大类：常量和公式。常量是指直接从键盘上输入的文本、数字、日期、时间等；公式是指以等号开头并且由运算符、常量、函数、单元格引用等组成的表达式，公式的计算结果将随着引用单元格中数据的变化而变化。公式的输入将在以后学习。

在实际工作中，Excel 2010 将许多不能理解为数值（包括时间日期）和公式的数据都视为文本来进行处理。例如，在单元格中输入"999 朵玫瑰花"，那么阿拉伯数字 999 会被当作文本来处理。

Excel 可以表示和存储的数字最大精确到 15 位有效数字，超过 15 位的整数数字，Excel 会自动将 15 位以后的数字变为零。

三、实验步骤

1. 输入文本

一般来说，输入到单元格中的中文汉字即为文本型数据，另外，还可以将输入的数字设置为文本格式，可以通过下面介绍的方法来实现。

① 打开工作表，选中单元格，输入数据，其默认格式为"常规"，如图 4-32 所示。

图 4-32 默认格式为"常规"

② "序号"列中想显示的序号为"001"，"002"，…，这种形式，直接输入后如图 4-33 左图所示，显示的结果如图 4-33 所示（前面的 0 自动省略）。

图 4-33　输入显示的结果

③ 此时则需要首先设置单元格的格式为"文本"，然后再输入序号。选中要输入"序号"的单元格区域，在"开始"→"数字"选项组中单击设置单元格格式按钮，弹出"设置单元格格式"对话框，在"分类"列表中选择"文本"选项，如图 4-34 所示。

④ 单击"确定"按钮，再输入以 0 开头的编号时即可正确显示出来，如图 4-35 所示。

图 4-34　"设置单元格格式"对话框

图 4-35　输入以 0 开头的编号

2. 输入数值

直接在单元格中输入数字，默认是可以参与运算的数值。但根据实际操作的需要，有时需要设置数值的其他显示格式，如包含特定位数的小数、以货币值显示等。

（1）输入包含指定小数位数的数值

当输入数值包含小数位时，输入几位小数，单元格中就显示出几位小数，如果希望所有输入的数值都包含几位小数（如 3 位，不足 3 位的用 0 补齐），可以按如下方法设置。

① 选中要输入包含 3 位小数数值的单元格区域，在"开始"→"数字"选项组中单击设置单元格格式按钮，如图 4-36 所示。

② 打开"设置单元格格式"对话框，在"分类"列表中选择"数值"选项，然后根据实际需要设置小数的位数，如图 4-37 所示。

图 4-36　单击""（设置单元格格式）按钮

图 4-37　"设置单元格格式"对话框

图 4-38　显示为包含 3 位小数

③ 单击"确定"按钮，在设置了格式的单元格输入数值时自动显示为包含 3 位小数，如图 4-38 所示。

（2）输入货币数值

要让输入的数据显示为货币格式，可以按如下方法操作。

① 打开工作表，选中要设置为"货币"格式的单元格区域，在"开始"→"数字"选项组中单击设置单元格格式按钮 ⎕，弹出"设置单元格格式"对话框。在"分类"列表中选择"货币"选项，并设置小数位数、货币符号的样式，如图 4-39 所示。

② 单击"确定"按钮，则选中的单元格区域数值格式更改为货币格式，如图 4-40 所示。

图 4-39　"设置单元格格式"对话框 　　　　图 4-40　更改为货币格式

3. 输入日期数据

要在 Excel 表格中输入日期，需要以 Excel 可以识别的格式输入，如输入"14-4-2"，按回车键则显示"2014-4-2"；输入"4-2"，按回车键后其默认显示结果为"1 月 2 日"。如果想以其他形式显示数据，可以通过下面介绍的方法来实现。

① 选中要设置为特定日期格式的单元格区域，在"开始"→"数字"选项组中单击 ⎕ 按钮，弹出"设置单元格格式"对话框。

② 在"分类"列表中选择"日期"选项，并设置小数位数，接着在"类型"列表框中选择需要的日期格式，如图 4-41 所示。

③ 单击"确定"按钮，则选中的单元格区域中的日期数据格式更改为指定的格式，如图 4-42 所示。

图 4-41　"设置单元格格式"对话框 　　　　图 4-42　更改为指定的日期格式

4. 用填充功能批量输入

在工作表特定的区域中输入相同数据或是有一定规律的数据时，可以使用数据填充功能来快速输入。

（1）输入相同数据

具体操作步骤如下。

① 在单元格中输入第一个数据（如此处在 B3 单元格中输入"冠益乳"），将光标定位在单元格右下角的填充柄上，如图 4-43 所示。

② 按住鼠标左键向下拖动（见图 4-44），释放鼠标后，可以看到拖动过的单元格上都填充了与 B3 单元格中相同的数据，如图 4-45 所示。

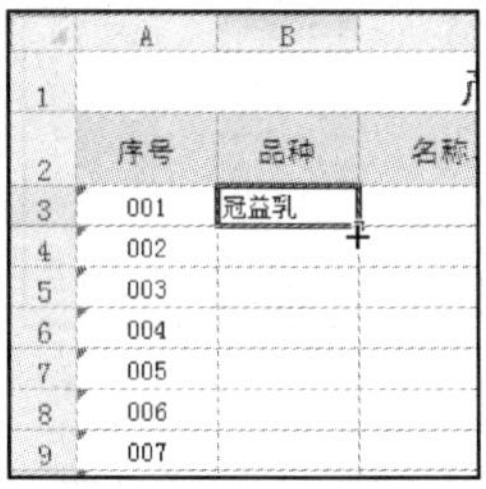

图 4-43 输入第一个数据 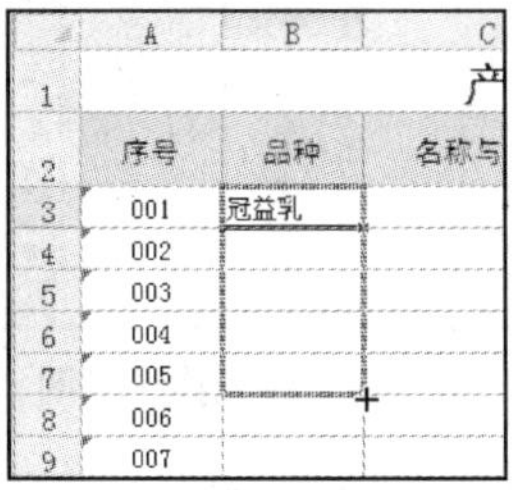　　　图 4-44 鼠标左键向下拖动 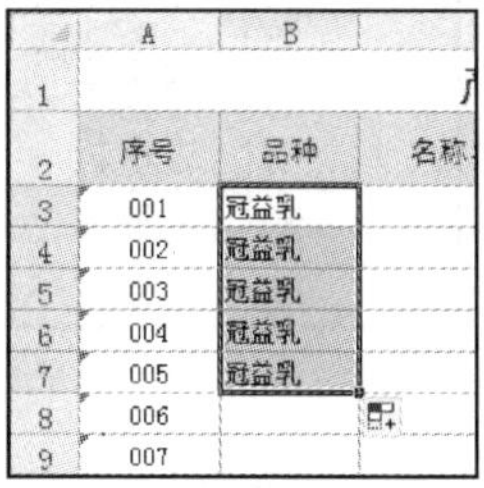　　　图 4-45 输入相同数据

（2）连续序号、日期的填充

通过填充功能可以实现一些有规则数据的快速输入，例如输入序号、日期、星期数、月份、甲乙丙丁等。要实现有规律数据的填充，需要至少选择两个单元格来作为填充源，这样程序才能根据当前选中的填充源的规律来完成数据的填充。具体操作步骤如下。

① 在 A3 和 A4 单元格中分别输入前两个序号。选中 A3:A4 单元格，将光标移至该单元格区域右下角的填充柄上，如图 4-46 所示。

② 按住鼠标左键不放，向下拖动至到填充结束的位置，松开鼠标左键，拖动过的单元格区域中会按特定的规则完成序号的输入，如图 4-47 所示。

图 4-46 选中单元格 　　　　　　图 4-47 填充连续序号

③ 日期默认情况下会自动递增，因此要实现连续日期的填充，只需要输入第一个日期，然后按相同的方法向下填充即可实现连续日期的输入，如图 4-48 所示。

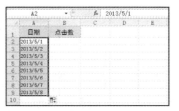

图 4-48 输入连续日期

（3）不连续序号或日期的填充

如果数据是不连续显示的，也可以实现填充输入，其关键是要将填充源设置好，可以通过下

面介绍的方法来实现。

① 第 1 个序号是 001，第 2 个序号是 003，那么填充得到的结果就是 001、003、005、007…的效果，如图 4-49 所示。

图 4-49　输入连续日期

② 第 1 个日期是 2013/5/1，第 2 个日期是 2014/4/4，那么填充得到的就是 2013/5/1、2013/5/4、2013/5/7、2013/5/10…的效果，如图 4-50 所示。

图 4-50　得到填充后的结果

四、实验拓展

使用"填充"命令填充相邻单元格

1. 实现单元格复制填充

选中包含要填充数据的单元格上方、下方、左侧或右侧的空白单元格。在"开始"→"编辑"选项组中单击"填充"按钮，如图 4-51 所示。然后选择"向上"、"向下"、"向左"或"向右"，可以实现单元格某一方向所选相邻区域的复制填充，如图 4-52 所示。

2. 实现单元格序列填充

选定要填充区域的第一个单元格并输入数据序列中的初始值；选定含有初始值的单元格区域；在"开始"选项卡上的"编辑"组中单击"填充"按钮，然后单击"系列"选项，弹出"序列"对话框，如图 4-53 所示。

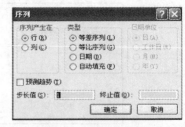

图 4-51　单击"填充"按钮　　图 4-52　选择填充方向　　图 4-53　"序列"对话框

- 序列产生在：选择行或列，进一步确认是按行或是按列方向进行填充。
- 类型：选择序列类型，若选择"日期"，还必须在"日期单位"框中选择单位。

- 步长值：指定序列增加或减少的数量，可以输入正数或负数。
- 终止值：输入序列的最后一个值，用于限定输入数据的范围。

实验五 数据有效性设置

一、实验目的
- 熟练掌握 Excel 2010 数据有效性的设置方法。

二、相关知识

为了避免在输入数据时出现过多的错误，可以在相应的单元格当中设置数据有效性来进行相关的控制。Excel 2010 表格中有时候需要数据不重复，如果数据少，人工可以找出来，如果数据太多，可以用 Excel 2010 的数据有效性来检查这些重复数据。

三、实验步骤

1. 设置数据有效性

工作表中"话费预算"列的数值为 100～300 元，这时可以设置"话费预算"列的数据有效性为大于 100 小于 300 的整数。具体操作步骤如下。

① 选中设置数据有效性的单元格区域，如 B2:B9 单元格区域，在"数据"→"数据工具"选项组中单击"数据有效性"下拉按钮，在下拉菜单中选择"数据有效性"命令，如图 4-54 所示。

② 打开"数据有效性"对话框，在"设置"选项卡中选中"允许"下拉列表中"整数"选项，如图 4-55 所示。

图 4-54 "数据有效性"下拉菜单

图 4-55 "数据有效性"对话框

③ 在"最小值"框中输入话费预算的最小限制金额，"100"；在"最大值"框中输入话费预算的最大限制金额"300"，如图 4-56 所示。

④ 当在设置了数据有效性的单元格区域中输入的数值不在限制的范围内时，会弹出错误提示信息，如图 4-57 所示。

2. 设置鼠标指向时显示提示信息

通过数据有效性的设置，可以实现让鼠标指向时就显示提示信息，从而达到提示输入的目的。具体操作步骤如下。

① 选中设置数据有效性的单元格区域，在"数据"→"数据工具"选项组中单击"数据有效性"按钮，打开"数据有效性"对话框。

图 4-56 "数据有效性"对话框

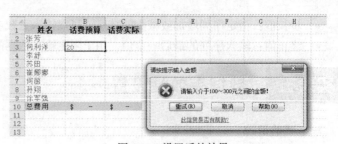

图 4-57 设置后的效果

② 选择"输入信息"选项卡，在"标题"文本框中输入"请注意输入的金额"；在"输入信息"文本框中输入"请输入 100～300 之间的预算话费！！"，如图 4-58 所示。

③ 设置完成后，当光标移动到之前选中的单元格上时，会自动弹出浮动提示信息窗口，如图 4-59 所示。

图 4-58 "数据有效性"对话框图

图 4-59 设置后的效果

四、实验拓展

拒绝录入重复数据

Excel 具有强大的制表功能，但在表格数据录入过程中难免会出错，如重复的身份证号码，超出范围的无效数据等。只要合理设置数据有效性规则，就可以避免出现这些错误。身份证号码、工作证编号等个人 ID 都是唯一的，不允许重复，如果在 Excel 录入重复的 ID，就会给信息管理带来不便，我们可以通过设置 Excel 2010 的数据有效性，拒绝录入重复数据。

① 运行 Excel 2010，切换到"数据"功能区，选中需要录入数据的列，单击"数据有效性"按钮，弹出"数据有效性"窗口。

② 切换到"设置"选项卡，单击"允许"下拉按钮，选择"自定义"选项，在"公式"栏中输入"=countif(a:a,a1)=1"（不含双引号，在英文半角状态下输入）。

③ 切换到"出错警告"选项卡，选择出错警告信息的样式，填写标题和错误信息，最后单击"确定"按钮，完成数据有效性设置。

④ 在 A 列中输入身份证等信息，当输入的信息重复时，Excel 立刻弹出错误警告，提示用户输入有误。

⑤ 单击"否"按钮，关闭提示消息框，重新输入正确的数据即可。

实验六 数据编辑与整理

一、实验目的

- 熟练掌握 Excel 2010 数据的移动、复制、修改操作方法。

- 熟练掌握 Excel 2010 条件格式的使用方法。

二、相关知识

条件格式功能可以根据指定的公式或数值来确定搜索条件，然后将格式应用到符合搜索条件的选定单元格中，并突出显示要检查的动态数据。条件格式基于条件更改单元格区域的外观，有助于突出显示所关注的单元格或单元格区域，强调异常值，使用数据条、颜色刻度和图标集来直观地显示数据。

三、实验步骤

1. 移动数据

要将已经输入到表格中的数据移动到新位置，需要先将原内容剪切，再粘贴到目标位置上，可以通过下面介绍的方法来实现。

① 打开工作表，选中需要移动的数据，按 Ctrl+X 组合键（剪切），如图 4-60 所示。

② 选择需要移动的位置，按 Ctrl+V 组合键（粘贴）即可将移动数据，如图 4-61 所示。

图 4-60　剪切数据　　　　　　　　　　　图 4-61　粘贴数据后的效果

2. 修改数据

如果在单元格中输入了错误的数据，修改数据的方法有两种。

方法一：通过编辑栏修改数据。选中单元格，单击编辑栏，然后在编辑栏内修改数据。

方法二：在单元格内修改数据。双击单元格，出现光标后，在单元格内对数据进行修改。

3. 复制数据

在表格编辑过程中，经常会出现在不同单元格中输入相同内容的情况，此时可以利用复制的方法以实现数据的快速输入。具体操作步骤如下。

① 打开工作表，选择要复制的数据，按 Ctrl+C 组合键复制，如图 4-62 所示。

② 选择需要复制数据的位置，按 Ctrl+V 组合键即可粘贴，如图 4-63 所示。

图 4-62　复制数据　　　　　　　　　　　图 4-63　粘贴数据后的效果

4. 突出显示员工工资大于 3000 元的数据

在单元格格式中的突出显示单元格规则时，可以设置满足某一规则的单元格突出显示出来，如大于或小于某一规则。下面介绍设置员工工资大于 3000 元的数据的以红色标记出来，具体操作步骤如下。

① 选中显示成绩的单元格区域，在"开始"→"样式"选项组中单击 条件格式 按钮，在弹出的下拉菜单中可以选择条件格式，此处选择"突出显示单元格规则→大于"，如图 4-64 所示。

② 弹出设置对话框，设置单元格值大于"3000"显示为"红填充色深红色文本"，如图4-65所示。

图4-64 "条件格式"拉菜单

图4-65 "大于"对话框

③ 单击"确定"按钮回到工作表中，可以看到所有分数大于3000的单元格都显示为红色，如图4-66所示。

5. 使用数据条突出显示采购费用金额

在 Excel 2010 中，利用数据条功能可以非常直观地查看区域中数值的大小情况。下面介绍使用数据条突出显示采购费用金额。

① 选中 C 列中的库存数据单元格区域，在"开始"→"样式"选项组中单击 条件格式 按钮，在弹出的下拉菜单中单击"数据条"子菜单，接着选择一种合适的数据条样式。

② 选择合适的数据条样式后，在单元格中就会显示出数据条，如图4-67所示。

	A	B	C	D	E
1	员工编号	员工姓名	部门	员工工资	
2	NL002	毛杰	销售部	2400.00	
3	NL003	黄中洋	财务部	1100.00	
4	NL004	刘婧	财务部	1200.00	
5	NL005	陈玉婷	技术部	2800.00	
6	NL007	吴庆佳	销售部	3000.00	
7	NL008	李明	行政部	2500.00	
8	NL009	谭玉嫦	技术部	3100.00	
9	NL010	陈超明	商务部	3600.00	
10	NL011	陈学明	行政部	1500.00	
11	NL012	张铭	销售部	5200.00	
12	NL015	霍瑞欣	技术部	2000.00	

图4-66 设置后的效果

图4-67 设置后的效果

四、实验拓展

为数据填充颜色

如果要对图4-68所示表中"合计"列中的数据进行不同颜色的区分，如值小于200的用红色表示，值为200～499的用黄色表示，值为500～999的用绿色表示，值为1000以上的加上边框。具体操作步骤如下。

① 选中图4-68中"合计"列单元格。在"开始"选项卡中，鼠标左键单击"条件格式"，移动鼠标到显示的下拉菜单"突出显示单元格规则"上，在展开的菜单中单击"小于"命令，在弹出的对话框中输入值"200"，设置为"红色文本"，如图4-69和图4-70所示。

② 再次单击"条件格式"，移动鼠标到显示的下拉菜单"突出显示单元格规则"上，在展开的菜单中单击"介于"命令，在弹出的对话框中输入值"200"到"499"，设置为"自定义格式"，并在弹出的对话框中的"颜色"中选择黄色，如图4-71所示。

③ 再次单击"条件格式"，移动鼠标到显示的下拉菜单"突出显示单元格规则"上，在展开的菜单中单击"介于"命令，在弹出的对话框中输入值"500"到"999"，设置为"自定义格式"，并在弹出的对话框中的"颜色"中选择绿色，如图4-72所示。

图 4-68　为数据填充颜色

图 4-69　设置条件格式

图 4-70　设置数据颜色为红色

图 4-71　设置数据颜色为黄色

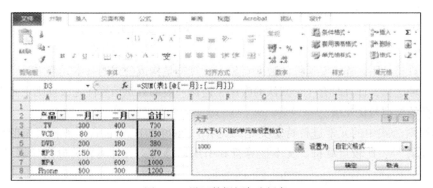

图 4-72　设置数据颜色为绿色

④ 再次单击"条件格式",移动鼠标到显示的下拉菜单"突出显示单元格规则"上,在展开的菜单中单击"大于"命令,在弹出的对话框中输入值"1000",设置为"红色边框",如图4-73所示。

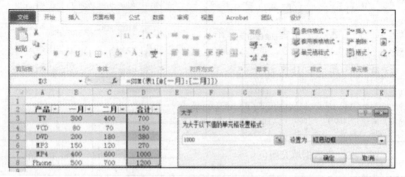

图 4-73　设置数据的红色边框

实验七　公式与函数使用

一、实验目的

- 熟练掌握单元格相对地址与绝对地址的应用。
- 熟练掌握公式的使用。
- 熟练掌握常用函数的使用。

二、相关知识

在 Excel 中,公式是对工作表中的数据进行计算操作最为有效的手段之一。在工作表中输入数据后,运用公式可以对表格中的数据进行计算并得到需要的结果。

在 Excel 中使用公式是以等号开始的,运用各种运算符号,将值或常量和单元格引用、函数返回值等组合起来,形成公式的表达式。Excel 2010 会自动计算公式表达式的结果,并将其显示在相应的单元格中。

1. 公式的概念

公式是由运算符、数据、单元格引用、函数等组成的表达式。公式必须以等号"="开头,系统将"="号后面的字符串识别为公式。公式的计算结果显示在单元格中,公式本身显示在编辑栏中。

2. 公式中的运算符

在 Excel 2010 中,公式遵循一个特定的语法或次序:最前面是等号"=",后面是参与计算的数据对象和运算符。每个数据对象可以是常量数值、单元格或引用的单元格区域、标志、名称等。其中运算符是用来连接要运算的数据对象,运算符是构成公式的基本元素之一,每个运算符分别代表一种运算,计算时有一个默认的次序(遵循一般的数学运算优先级规则)。下面将介绍公式运算符的类型与优先级。

运算符对公式中的元素进行特定类型的运算。Excel 2010 中包含了 4 种类型的运算符,分别是算术运算符、比较运算符、文本运算符和引用运算符,各种运算符分别如表 4-1～表 4-4 所示。

表 4-1 算术运算符

算术运算符	含义	示例
+（加号）	加法	3+3
-（减号）	减法	3-1
	负数	-1
*（星号）	乘法	3*3
/（正斜杠）	除法	3/3
%（百分号）	百分比	20%
^（脱字号）	乘方	3^2

表 4-2 比较运算符

比较运算符	含义	示例
=（等号）	等于	A1=B1
>（大于号）	大于	A1>B1
<（小于号）	小于	A1<B1
>=（大于等于号）	大于或等于	A1>=B1
<=（小于等于号）	小于或等于	A1<=B1
<>（不等号）	不等于	A1<>B1

表 4-3 文本运算符

文本运算符	含义	示例
&（与号）	将两个值连接（或串联）起来产生一个连续的文本值	"North"&"wind" 的结果为 "Northwind"

表 4-4 引用运算符

引用运算符	含义	示例
:（冒号）	区域运算符，生成一个对两个引用之间所有单元格的引用（包括这两个引用）	B5:B15
,（逗号）	联合运算符，将多个引用合并为一个引用	SUM（B5:B15,D5:D15）
（空格）	交集运算符，生成一个对两个引用中共有单元格的引用	B7:D7 C6:C8

　　如果公式中同时用到多个运算符，Excel 2010 将会依照运算符的优先级来依次完成运算。如果公式中包含相同优先级的运算符，如公式中同时包含乘法和除法运算符，则 Excel 将从左到右进行计算。Excel 2010 中的运算符优先级如表 4-5 所示。其中，运算符优先级从上到下依次降低。

表 4-5　　　　　　　　　　　　　　　运算符优先级

运算符	说明
: 空格 ,	引用运算符
−	负数
%	百分比
^	乘方
* 和 /	乘和除
+ 和−	加和减
&	连接两个文本字符串（串连）
= <><= <= >= <>	比较运算符

3. 单元格引用

公式的引用就是对工作表中的一个或一组单元格进行标识，从而告诉公式使用哪些单元格的值。通过引用，可以在一个公式中使用工作表不同部分的数据，或者在几个公式中使用同一单元格的数值。在 Excel 2010 中，引用公式的常用方式包括以下几种。

（1）相对引用

所谓相对地址，是使用单元格的行号或列号表示单元格地址的方法，如 A1:B2，C1:C6 等。引用相对地址的操作称为相对引用。

相对引用的特点：将相应的计算机公式复制或填充到其他单元格时，其中的单元格引用会自动随着移动的位置相对变化。

单元格地址的引用方法有以下两种。

方法 1：使用鼠标选定单元格或单元格区域，单元格地址自动输入到公式中。

方法 2：使用键盘在公式中直接输入单元格或单元格区域地址。

（2）绝对引用

一般情况下，复制单元格地址使用的是相对地址引用，但有时并不希望单元格地址变动，这时就必须使用绝对地址引用。绝对地址的表示方法是：在单元格的行号、列号前面各加一个 "$" 符号。与相对引用正好相反，当复制公式到其他单元格时，其中的单元格引用不会随着移动的位置相对变化。

（3）混合引用

在一个单元格中既含有绝对引用也含有相对引用，称为混合引用。例如，列号用相对地址，行号用绝对地址；或行号用相对地址，列号用绝对地址。也就是说，若公式所在单元格的位置变化，则相对引用改变，绝对引用不变。

混合引用的方法：在绝对引用的行或列前加$，如$C4+$D4。

4. 函数

函数实际上是一些预定义的公式，运用一些称为参数的特定的顺序或结构进行计算。Excel 2010 提供了财务、统计、逻辑、文本、日期与时间、查找与引用、数学和三角、工程、多维数据集和信息函数共 10 类函数。运用函数进行计算可大大简化公式的输入过程，只需设置函数相应的必要参数即可进行正确的计算。

一个函数包含等号、函数名称和函数参数 3 部分。函数名称表达函数的功能，每一个函数都有唯一的函数名，函数中的参数是函数运算的对象，可为数字、文本、逻辑值、表达式、引用或是其他的函数。

三、实验步骤

1. 输入公式

打开"员工考核表"工作簿，在"行政部"工作表中，利用公式计算出平均分。具体操作步骤如下。

① 启动 Excel 2010 应用软件，单击"文件"选项卡→"打开"命令，在弹出的"打开"对话框中选择"员工考核表"工作簿，单击"打开"按钮，如图 4-74 所示。

② 选定"行政部"工作表。把光标定位在 E2 单元格，先输入等号"="，输入左括号"("，然后用鼠标单击 B2 单元格，输入加号"+"，再用鼠标单击 C2 单元格，输入加号"+"，再用鼠标单击 D2 单元格，输入右括号")"，再输入除号"/"，输入除数"3"。这时 E2 单元格的内容就变成了 "=(B2+C2+D2)/3"，按回车键，E2 单元格的内容变成了"81"，如图 4-75 所示。

图 4-74 "打开"对话框　　　　　　　　图 4-75 输入公式

③ 把光标放在 E2 单元格的右下角，出现十字填充柄的时候，按住鼠标左键向下拖动直到 E6 单元格，如图 4-76 所示。

2. 输入函数

打开"员工考核表"工作簿，在"行政部"工作表中，利用函数计算出总分。具体操作步骤如下。

① 启动 Excel 2010 应用软件，单击"文件"选项卡→"打开"命令，在弹出的"打开"对话框中选择"员工考核表"工作簿，单击"打开"按钮，如图 4-41 所示。

② 选定"行政部"工作表。把光标定位在 F2 单元格，先输入等号"="，输入"SUM"函数，再输入左括号"("，然后用鼠标单击 B2:D2 单元格区域，输入右括号")"。这时 F2 单元格的内容就变成了 "=SUM(B2:D2)"，按回车键，F2 单元格的内容变成了"243"，如图 4-77 所示。

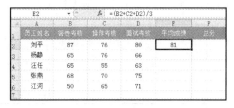

图 4-76 复制公式　　　　　　　　图 4-77 输入函数

③ 把光标放在 F2 单元格的右下角，出现十字填充柄的时候，按住鼠标左键向下拖动直到 F6 单元格，如图 4-78 所示。

3. 常用函数应用

（1）IF 函数的使用

下面介绍 IF 函数的使用，并使用 IF 函数根据员工的销售量进行业绩考核。

函数功能：如果指定条件的计算结果为 TRUE，IF 函数将返回某个值；如果该条件的计算结果为 FALSE，则返回另一个值。例如，如果 A1 大于 10，公式"=IF（A1>10,"大于 10","不大于 10"）"将返回"大于 10"，如果 A1 小于等于 10，则返回"不大于 10"。

函数语法：IF(logical_test, [value_if_true], [value_if_false])

参数解释：

↺ logical_test：必需。计算结果可能为 TRUE 或 FALSE 的任意值或表达式。

↺ value_if_true：可选。logical_test 参数的计算结果为 TRUE 时所要返回的值。

↺ value_if_false：可选。logical_test 参数的计算结果为 FALSE 时所要返回的值。

对员工本月的销售量进行统计后，作为主管人员可以对员工的销量业绩进行业绩考核，这里可以使用 IF 函数来实现。

① 选中 F2 单元格，在公式编辑栏中输入公式：=IF(E2<=5,"差",IF(E2>5,"良","")),按回车键即可对员工的业绩进行考核。

② 将光标移到 F2 单元格的右下角，光标变成十字形状后，按住鼠标左键向下拖动进行公式填充，即可得出其他员工业绩考核结果，如图 4-79 所示。

图 4-78　复制公式　　　　　　　　图 4-79　员工业绩考核结果

（2）SUM 函数的使用

下面介绍 SUM 函数的使用，并使用 SUM 函数计算总销售额。

函数功能：SUM 将用户指定为参数的所有数字相加。每个参数都可以是区域、单元格引用、数组、常量、公式或别一个函数的结果。

函数语法：SUM(number1,[number2],...])

参数解释：

↺ number1：必需。想要相加的第一个数值参数。

↺ number2,,...：可选。想要相加的 2～255 个数值参数。

在统计了每种产品的销售量与销售单价后，可以直接使用 SUM 函数统计出这一阶段的总销售额。

选中 B8 单元格，在公式编辑栏中输入公式"=SUM(B2:B5*C2:C5)"，按"Ctrl+Shift+Enter"组合键（必须按此组合键数组公式才能得到正确结果），即可通过销售数量和销售单价计算出总销售额，如图 4-80 所示。

（3）SUMIF 函数的使用

下面介绍 SUMIF 函数的使用，并使用 SUMIF 函数统计各部门工资总额。

函数功能：SUMIF 函数可以对区域 （区域:工作表上的两个或多个单元格。区域中的单元格可以相邻或不相邻）中符合指定条件的值求和。

函数语法： SUMIF(range, criteria, [sum_range])

参数解释：

↳ range：必需。用于条件计算的单元格区域。每个区域中的单元格都必须是数字或名称、数组或包含数字的引用。空值和文本值将被忽略。

↳ criteria：必需。用于确定对哪些单元格求和的条件，其形式可以为数字、表达式、单元格引用、文本或函数。

↳ sum_range：可选。要求和的实际单元格（如果要对未在 range 参数中指定的单元格求和）。如果 sum_range 参数被省略，Excel 会对在 range 参数中指定的单元格（即应用条件的单元格）求和。

如果要按照部门统计工资总额，可以使用 SUMIF 函数来实现。

① 选中 C10 单元格，在公式编辑栏中输入公式"=SUMIF(B2:B8,"业务部",C2:C8)"，按回车键即可统计出"业务部"的工资总额，如图 4-81 所示。

图 4-80 计算总销售额   图 4-81 "业务部"的工资总额

② 选中 C11 单元格，在公式编辑栏中输入公式"=SUMIF(B3:B9,"财务部",C3:C9)"，按回车键即可统计出"财务部"的工资总额，如图 4-82 所示。

（4）AVERAGE 函数的使用

下面介绍 AVERAGE 函数的使用，并使用 AVERAGE 函数求平均值时忽略计算区域中的 0 值。

函数功能： AVERAGE 函数用于返回参数的平均值（算术平均值）。

函数语法： AVERAGE(number1, [number2], ...)

参数解释：

↳ number1：必需。要计算平均值的第一个数字、单元格引用或单元格区域。

↳ number2, ... ：可选。要计算平均值的其他数字、单元格引用或单元格区域，最多可包含 255 个。

当需要求平均值的单元格区域中包含 0 值时，它们也将参与求平均值的运算。如果想排除运算区域中的 0 值，可以按如下方法设置公式。

选中 B9 单元格，在编辑栏中输入公式"=AVERAGE(IF(B2:B7<>0,B2:B7))"，同时按 Ctrl+Shift+Enter 组合键，即可忽略 0 值求平均值，如图 4-83 所示。

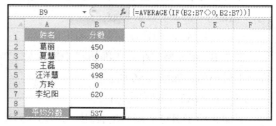

图 4-82 "财务部"的工资总额   图 4-83 计算平均分数

（5）COUNT 函数的使用

下面介绍 COUNT 函数的使用，并使用 COUNT 函数统计销售记录条数。

函数功能：COUNT 函数用于计算包含数字的单元格以及参数列表中数字的个数。使用函数 COUNT 可以获取区域或数字数组中数字字段的输入项的个数。

函数语法：COUNT(value1, [value2], ...)

参数解释：

↪ value1：必需。要计算其中数字的个数的第一个项、单元格引用或区域。

↪ value2, ... ：可选。要计算其中数字的个数的其他项、单元格引用或区域，最多可包含 255 个。

在员工产品销售数据统计报表中，统计记录的销售记录的销售记录条数的方法如下。

选中 C12 单元格，在公式编辑栏中输入公式"=COUNT(A2:C10)"，按回车键即可统计出销售记录条数为 "9"，如图 4-84 所示。

（6）MAX 函数的使用

下面介绍 MAX 函数的使用，并使用 MAX 函数统计最高销售量。

函数功能：MAX 函数表示返回一组值中的最大值。

函数语法：MAX(number1, [number2], ...)

参数解释：

↪ number1, number2, ...： number1 是必需的，后续数值是可选的。这些是要从中找出最大（小）值的 1～255 个数字参数。

可以使用 MAX 函数返回最高销售量。

① 选中 B6 单元格，在公式编辑栏中输入公式"=MAX(B2:E4)"，按回车键即可返回 B2:E4 单元格区域中最大值，如图 4-85 所示。

图 4-84　统计销售记录条数　　　　　图 4-85　统计最高销售量

（7）MIN 函数的使用

下面介绍 MIN 函数的使用，并使用 MIN 函数统计最低销售量。

函数功能：MIN 函数表示返回一组值中的最小值。

函数语法：MIN(number1, [number2], ...)

参数解释：

↪ number1, number2, ...： number1 是必需的，后续数值是可选的。这些是要从中找出最大（小）值的 1～255 个数字参数。

可以使用 MIN 函数返回最低销售量。

选中 B7 单元格，在公式编辑栏中输入公式"=MIN(B2:E4)"，按回车键即可返回 B2:E4 单元格区域中最小值，如图 4-86 所示。

（8）TODAY 函数的使用

下面介绍 TODAY 函数的使用，并使用 TODAY 函数显示出当前日期。

函数功能：TODAY 返回当前日期的序列号。

函数语法：TODAY()

参数解释：

↳ TODAY 函数语法没有参数。

要想在单元格中显示出当前日期，可以使用 TODAY 函数来实现。

选中 B2 单元格，在公式编辑栏中输入公式"=TODAY()"，按回车键即可显示当前的日期，如图 4-87 所示。

图 4-86　统计最低销售量

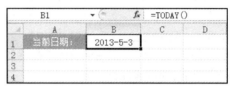

图 4-87　显示出当前日期

（9）DAY 函数的使用

下面介绍 DAY 函数的使用，并使用 DAY 函数返回任意日期对应的当月天数。

函数功能：DAY 表示返回以序列号表示的某日期的天数，用整数 1～31 表示。

函数语法：DAY(serial_number)

参数解释：

↳ serial_number：必需。要查找的那一天的日期。应使用 DATE 函数输入日期，或者将日期作为其他公式或函数的结果输入。

返回任意日期对应的当月天数的方法如下。

① 选中 B2 单元格，在公式编辑栏中输入公式：=DAY(A2)，按回车键即可根据指定的日期返回日期对应的当月天数。

② 将光标移到 B2 单元格的右下角，光标变成十字形状后，按住鼠标左键向下拖动进行公式填充，即可根据其他指定日期得到其在当月的天数，如图 4-88 所示。

（10）LEFT 函数的使用

下面介绍 LEFT 函数的使用，并使用 LEFT 函数快速生成对客户的称呼。

函数功能：LEFT 根据所指定的字符数，LEFT 返回文本字符串中第一个字符或前几个字符。

函数语法：LEFT(text, [num_chars])

参数解释：

↳ text：必需。包含要提取的字符的文本字符串。

↳ num_chars：可选。指定要由 LEFT 提取的字符的数量。

公司接待员每天都需要记录来访人员的姓名、性别、所在单位等信息，当需要在来访记录表中获取各来访人员的具体称呼时，可以使用 LEFT 函数来实现。

① 选中 D2 单元格，在公式编辑栏中输入公式"=C2&LEFT(A2,1)&IF(B2="男","先生","女士")"，按回车键即可自动生成对第一位来访人员的称呼"合肥燕山王先生"。

② 将光标移到 D2 单元格的右下角，光标变成十字形状后，按住鼠标左键向下拖动进行公式填充，即可自动生成其他来访人员的具体称呼，如图 4-89 所示。

图 4-88　返回任意日期对应的当月天数

图 4-89　生成对客户的称呼

四、实验拓展

Excel 2010 中 IF 函数嵌套的技巧

Excel 2010 中的 IF 函数的功能是用来判断是否满足某个条件，满足时返回一个值，不满足时返回另一个值。它还可以和许多其他函数进行嵌套。

1. 在单元格中对齐姓名

在 Excel 2010 工作表中输入姓名时，因为字数不同，会显得很不整齐。利用嵌套函数能够在两个字的姓名中间添加一个空格，使文本对齐。在准备重新显示姓名的单元格中输入公式"=IF(LEN(B2)=2,MID(B2,1,1)&" "&MID(B2，2，1)，B2)"，这里的 B2 指代的是原来的姓名所在的单元格。按回车键后，两个字的名字中间会添加一个空格，这样就能使"姓名"列中两个字的名字与 3 个字的名字对齐排列。

2. 利用身份证判断性别

我国居民的身份证号是 18 位，其中第 17 位代表居民性别。若该数字为偶数，则表示"女"；若为奇数，则表示"男"。在要显示性别的单元格中输入公式"=IF(MOD(MID(C2，17，1)，2)，"男"，"女")"，这里 C2 是身份证所在的单元格。回车后可得到计算结果，再拖动填充柄，就能快速判断所有人的性别。

实验八　数据处理与分析

一、实验目的

- 熟练掌握 Excel 2010 的其他数据分析技术，以及排序、筛选、分类汇总的基本操作。

二、相关知识

1. 数据清单

数据清单是指包含一组相关数据的一系列工作表数据行。Excel 2010 在对数据清单进行管理时，一般把数据清单看作是一个数据库。数据清单中的行相当于数据库中的记录，行标题相当于记录名。数据清单中的列相当于数据库中的字段，列标题相当于数据序中的字段名。数据清单也称为数据列表或数据库。

用户可以很方便地对数据清单实现排序、汇总、筛选、分类汇总等操作。

2. 排序

所谓排序，就是根据某一列或几列的数据按照一定的顺序进行排列，以便对这些数据进行直观的分析和研究。排序的顺序包括升序和降序。

在实际中，为了方便查找和使用数据，用户通常按一定顺序对数据清单进行重新排列。其中数值按大小排序，时间按先后排序，英文字母按字母顺序（默认不区分大小写）排序，汉字按拼音首字母排序或笔画排序。

用来排序的字段称为关键字。排序方式分升序（递增）和降序（递减），排序方向有按"行"排序或按"列"排序，此外，还可以采用自定义排序。

数据排序有两种：简单排序和复杂排序。

3. 数据筛选

数据清单创建完成后，对它进行的操作通常是从中查找和分析具备特定条件的记录，而筛选就是一种用于查找数据清单中数据的快速方法。经过筛选后的数据清单只显示包含指定条件的数据行，以供用户浏览、分析。

4. 分类汇总

分类汇总是对数据清单进行数据分析的一种方法。分类汇总对数据库中指定的字段进行分类，然后统计同一类记录的有关信息。统计的内容可以由用户指定，也可以统计同一类记录的记录条数，还可以对某些数值段求和、求平均值、求极值等。在创建分类汇总之前，用户必须先根据需要进行分类汇总的数据列对数据清单排序。

三、实验步骤

1. 数据排序

利用排序功能可以将数据按照一定的规律进行排序。

（1）按单个条件排序

当前表格中统计了各班级学生的成绩，下面通过排序可以快速查看最高分数。

① 将光标定位在“总分”列任意单元格中，如图 4-90 所示。

② 在“数据”→“排序和筛选”选项组中单击“降序”按钮，可以看到表格中数据按总分从大到小自动排列，如图 4-91 所示。

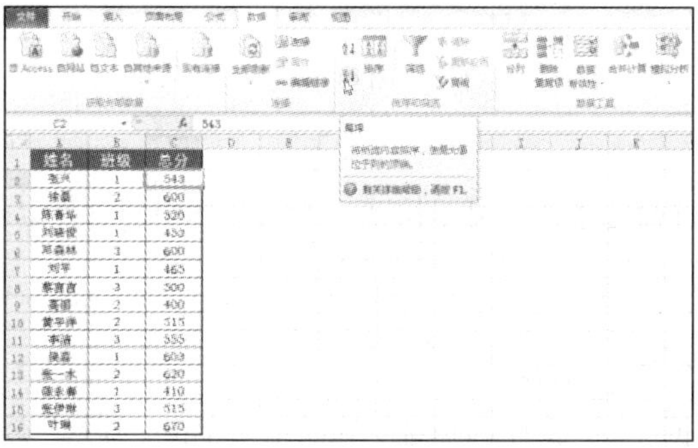

图 4-90　单击“降序”按钮

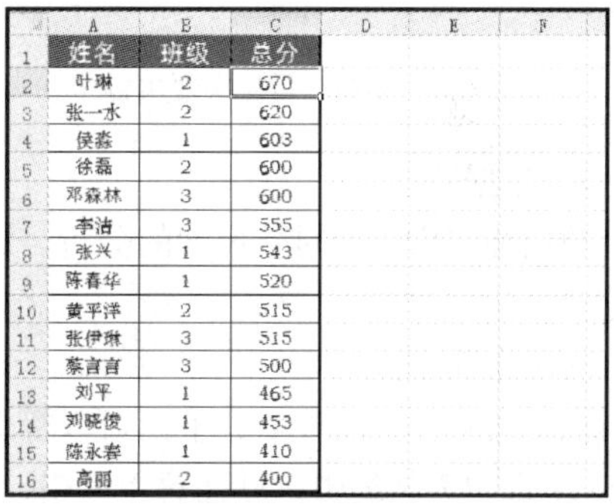

姓名	班级	总分
叶琳	2	670
张一水	2	620
侯淼	1	603
徐磊	2	600
邓森林	3	600
李洁	3	555
张兴	1	543
陈春华	1	520
黄平洋	2	515
张伊琳	3	515
蔡言言	3	500
刘平	1	465
刘晓俊	1	453
陈永春	1	410
高丽	2	400

图 4-91 降序排序结果

③ 将光标定位在“总分”列任意单元格中，在“数据”→“排序和筛选”选项组中单击“升序”按钮，可以看到表格中数据按总分从小到大自动排列，如图 4-92 所示。

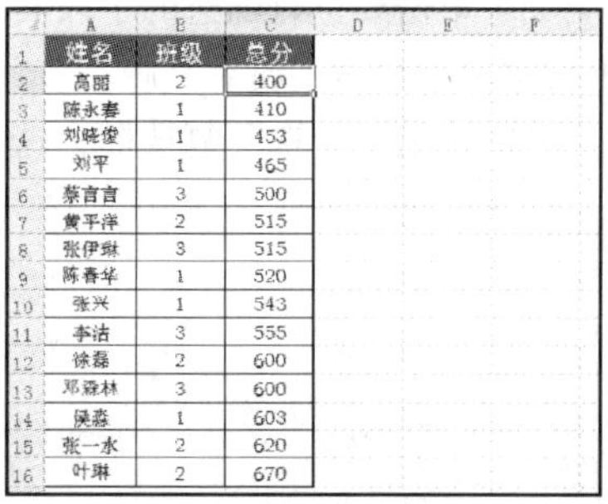

姓名	班级	总分
高丽	2	400
陈永春	1	410
刘晓俊	1	453
刘平	1	465
蔡言言	3	500
黄平洋	2	515
张伊琳	3	515
陈春华	1	520
张兴	1	543
李洁	3	555
徐磊	2	600
邓森林	3	600
侯淼	1	603
张一水	2	620
叶琳	2	670

图 4-92　升序排序结果

（2）按多个条件排序

双关键字排序用于当按第一个关键字排序出现重复记录再按第二个关键字排序的情况下。例如在本例中，可以先按“班级”进行排序，然后再根据“总分”进行排序，从而方便查看同一班级中的分数排序情况。

① 选中表格编辑区域任意单元格，在“数据”→“排序和筛选”选项组中单击“排序”按钮，打开“排序”对话框。

② 在“主要关键字”下拉列表中选择“班级”，在“次序”下拉列表中可以选择“升序”或“降序”，如图 4-93 所示。

③ 单击“添加条件”按钮，在列表中添加“次要关键字”，如图 4-94 所示。

④ 在“次要关键字”下拉列表中选择“总分”，在“次序”下拉列表中选择“降序”，如图 4-95 所示。

⑤ 设置完成后，单击“确定”按钮可以看到表格中首先按“班级”升序排序，对于同一班级的记录，又按“总分”降序排序，如图 4-96 所示。

图 4-93　设置主要关键字

图 4-94　添加"次要关键字"

图 4-95　设置次要关键字

图 4-96　排序结果

2. 数据筛选

数据筛选常用于对数据库的分析。通过设置筛选条件，可以快速查看数据库中满意特定条件的记录。

（1）自动筛选

添加自动筛选功能后，下面可以筛选出符合条件的数据。

① 选中表格编辑区域任意单元格，在"数据"→"排序和筛选"选项组中单击"筛选"按钮，则可以在表格所有列标识上添加筛选下拉按钮，如图 4-97 所示。

② 单击要进行筛选的字段右侧的 ▼ 按钮，如此处单击"品牌"标识右侧的 ▼ 按钮，可以看到下拉菜单中显示了所有品牌。

③ 取消"全选"复选框，选中要查看的某个品牌，此处选中"Chunji"，如图 4-98 所示。

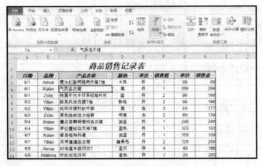

图 4-97　添加筛选下拉按钮

图 4-98　选中"Chunji"品牌

④ 单击"确定"按钮即可筛选出这一品牌商品的所有销售记录，如图 4-99 所示。

（2）筛选单笔销售金额大于 5000 元的记录

在销售数据表中一般会包含很多条记录，如果只想查看单笔销售金额大于 5000 元的记录，可以直接将这些记录筛选出来。

① 在"数据"→"排序和筛选"选项组中单击"筛选"按钮添加自动筛选。

② 单击"金额"列标识右侧下拉按钮，在下拉菜单中鼠标依次指向"数字筛选"→"大于"，如图 4-100 所示。

图 4-99　筛选结果

图 4-100　设置数字筛选

③ 在打开的对话框中设置条件为"大于"→"5000"，如图 4-101 所示。

④ 单击"确定"按钮即可筛选出满足条件的记录，如图 4-102 所示。

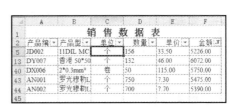

图 4-101　"大于"对话框

图 4-102　筛选结果

3. 分类汇总

要统计出各个品牌商品的销售金额合计值，则首先要按"品牌"字段进行排序，然后进行分类汇总设置。

① 选中"品牌"列中任意单元格。单击"数据"→"排序和筛选"选项组中的"升序"按钮进行排序，如图 4-103 所示。

② 在"数据"→"分级显示"选项组中单击"分类汇总"按钮（见图 4-104），打开"分类汇总"对话框。

图 4-103　单击"升序"按钮

图 4-104　单击"分类汇总"按钮

③ 在"分类字段"下拉列表中选中"品牌"选项；在"选定汇总项"列表框中选中"销售金额"复选框，如图 4-105 所示。

④ 设置完成后，单击"确定"按钮，即可将表格中以"品牌"排序后的销售记录进行分类汇总，并显示分类汇总后的结果（汇总项为"销售金额"），如图 4-106 所示。

图 4-105　"分类汇总"对话框　　　　　　　　图 4-106　分类汇总结果

实验九　图表操作

一、实验目的

- 掌握各种图表，如柱形图、折线图、饼图等的创建方法。
- 掌握图表的编辑及格式化的操作方法。

二、相关知识

1. 图表概念

图表可以将表格中的数据直观、形象地转化为"可视化"的图形，以较好的视觉效果来表达表格中数据的关系，更利于用户对表格数据的分析。

为了能更加直观地表达工作表中的数据，可将数据以图表的形式表示。通过图表可以清楚地了解各个数据的大小以及数据的变化情况，在错综复杂的数据中发现隐藏的数据含义，方便对数据进行对比和分析，并且使枯燥的数据变得生动形象。

Excel 2010 自带了各种各样的图表，如柱形图、折线图、饼图、条形图、面积图、散点图等，一共 11 种图表大类，每个大类中还包含了数量不等的图表子类型。各种图表各有优点，适用于不同的场合。

2. 图表组成

在 Excel 2010 中，按图表放置位置可分为两种类型的图表，一种是嵌入式图表，另一种是图表工作表。嵌入式图表就是将图表看作是一个图形对象，并作为工作表的一部分进行保存；图表工作表是工作簿中具有特定工作表名称的独立工作表。在需要独立于工作表数据查看或编辑大而复杂的图表或节省工作表上的屏幕空间时，就可以使用图表工作表。不论哪种图表，一般都包含以下几种图表元素

- 图表区：图表中最大的区域，是其他图表元素的容器。
- 绘图区：图表中的主要区域，包含数据系列和数据标签。
- 图表标题：图表顶部的文字，一般用来描述图表的功能或作用。
- 图例：图表标题下方或绘图区一侧带有颜色块的文字，用于标识不同数据系列代表的内容。

- 数据标签：数据系列顶部的数字，以显式的方式表示数据系列代表的具体值。
- 数据系列：绘图区中不同颜色的矩形（和图表类型有关），表示用于创建图表的数据区域中的行或列。
- 横坐标轴（水平轴）：用于显示数据的分类信息。
- 纵坐标轴（垂直轴）：用于显示数据的数值信息。
- 横坐标轴标题：用于说明横坐标的含义。
- 纵坐标轴标题：用于说明纵坐标的含义
- 网格线：绘图区的线条，用于作为估算数据系列所处值的标准。

三、实验内容

1. 创建图表

下面创建柱形图来比较各月份各品牌销售利润，具体操作步骤如下。

① 选中 A2:G9 单元格区域，在"插入"→"图表"选项组中单击"柱形图"按钮打开下拉菜单，如图 4-107 所示。

②单击"簇状柱形图"子图表类型，即可新建图表，如图 4-108 所示。图表一方面可以显示各个月份的销售利润，另一方面也可以对各个月份中不同品牌产品的利润进行比较。

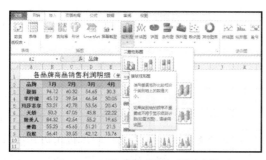

图 4-107 "簇状柱形图"子图表类型

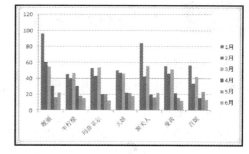

图 4-108 创建柱形图效果

2. 添加标题

图表标题用于表达图表反映的主题。有些图表默认不包含标题框，此时需要添加标题框并输入图表标题；有的图表默认包含标题框，也需要重新输入标题文字才能表达图表主题。

① 选中默认建立的图表，切换到"图表工具"→"布局"菜单，单击"图表标题"按钮展开下拉菜单，如图 4-109 所示。

② 单击"图表上方"选项，图表中则会显示"图表标题"编辑框（见图 4-110），在标题框中输入标题文字即可。

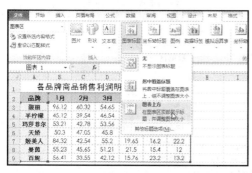

图 4-109 "图表标题"下拉菜单

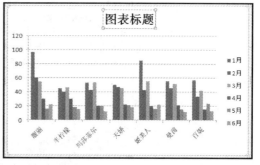

图 4-110 显示"图表标题"编辑框

3. 添加坐标轴标题

坐标轴标题用于对当前图表中的水平轴与垂直轴表达的内容作出说明。默认情况下不含坐标轴标题，如需使用需要再添加。

① 选中图表，切换到"图表工具"→"布局"菜单，单击"坐标轴标题"按钮。根据实际需要选择添加的标题类型。此处选择"主要纵坐标轴标题→竖排标题"，如图 4-111 所示。

② 图表中则会添加"坐标轴标题"编辑框（见图 4-112），在编辑框中输入标题名称。

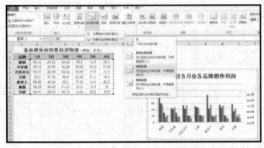

图 4-111 "坐标轴标题"下拉菜单

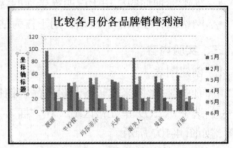

图 4-112 添加"坐标轴标题"编辑框

实验十 数据透视表操作

一、实验目的

● 熟练掌握 Excel 2010 数据透视表的创建方法。

二、相关知识

数据透视表是一种对大量数据快速汇总和建立交叉列表的交互式表格。它不仅可以转换行和列以查看源数据的不同汇总结果，也可以显示不同页面以筛选数据，还可以根据需要显示区域中的细节数据。

在创建数据表之前，先来了解一下数据透视表的结构和一些基本术语。一个透视表通常分为 4 部分，如图 4-113 所示。

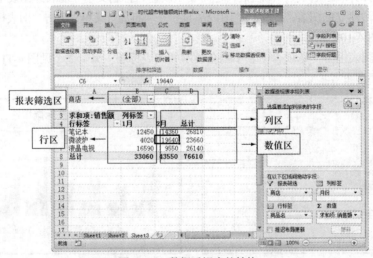

图 4-113 数据透视表的结构

数据透视表中的常见术语如下。

- 数据源：创建数据透视表所使用的原始数据区域。
- 字段：数据透视表中的字段相当于数据源各列的列标题，每个字段代表一列数据的分类。根据字段所在位置的不同，可以将字段分为报表筛选字段、行字段、列字段和值字段。
- 项：是每个字段中包含的数据。

三、实验内容

1. 创建数据透视表

数据透视表的创建是基于已经建立好的数据表而建立的，具体操作步骤如下。

① 打开数据表，选中数据表中任意单元格。切换到"插入"选项卡，单击"数据透视表"→"数据透视表"命令，如图 4-114 所示。

② 打开"创建数据透视表"对话框，在"选择一个表或区域"框中显示了当前要建立为数据透视表的数据源（默认情况下将整张数据表作为建立数据透视表的数据源），如图 4-115 所示。

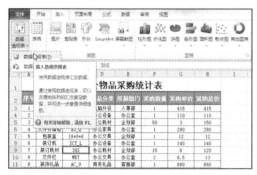

图 4-114 "数据透视表"下拉菜单

图 4-115 "创建数据透视表"对话框

③ 单击"确定"按钮即可新建了一张工作表，该工作表即为数据透视表，如图 4-116 所示。

2. 更改数据源

在创建了数据透视表后，如果需要重新更改数据源，不需要重新建立数据透视表，可以直接在当前数据透视表中重新更改数据源即可。

① 选中当前数据透视表，切换到"数据透视表工具"→"选项"菜单下，单击"更改数据源"按钮，从在下拉菜单中单击"更改数据源"命令，如图 4-117 所示。

图 4-116 创建数据透视表后结果

图 4-117 单击"更改数据源"命令

② 打开"更改数据透视表数据源"对话框，单击"选择一个表或区域"右侧的█按钮回到工作表中重新选择数据源即可，如图 4-118 所示。

3. 添加字段

默认建立的数据透视表只是一个框架，要得到相应的分析数据，则要根据实际需要合理地设置字段。不同的字段布局其统计结果各不相同，因此首先要学会如何根据统计目的设置字段。下面统计不同类别物品的采购总金额。

① 建立数据透视表并选中后，窗口右侧可出现"数据透视表字段列表"任务窗格。在字段列表中选中"物品分类"字段，按住鼠标将字段拖至下面的"行标签"框中释放鼠标，即可设置"物品分类"字段为行标签，如图 4-119 所示。

图 4-118 "更改数据透视表数据源"对话框　　　　图 4-119 设置行标签后的效果

② 按相同的方法添加"采购总额"字段到"数值"列表中，此时可以看到数据透视表中统计出了不同类别物品的采购总价，如图 4-120 所示。

4. 更改默认的汇总方式

当设置了某个字段为数值字段后，数据透视表会自动对数据字段中的值进行合并计算。其默认的计算方式为数据字段使用 SUM 函数（求和），文本的数据字段使用 COUNT 函数（求和）。如果想得到其他的计算结果，如求最大最小值、求平均值等，则需要修改对数值字段中值的合并计算类型。

例如，当前数据透视表中的数值字段为"采购总价"且其默认汇总方式为求和，现在要将数值字段的汇总方式更改为求最大值。具体操作步骤如下。

① 在"数值"列表框中选中要更改其汇总方式的字段，打开下拉菜单，选择"值字段设置"选项，如图 4-121 所示。

图 4-120 添加数值后的效果　　　　图 3-121 选择"值字段设置"命令

② 打开"值字段设置"对话框。选择"值汇总方式"标签，在"计算类型"列表框中可以选择汇总方式，此处选择"最大值"，如图 4-122 所示。

③ 单击"确定"按钮即可更改默认的求和汇总方式为求最大值，如图 4-123 所示。

四、实验拓展

对统一行字段利用多个筛选

在 Excel 2010 数据透视表中，对行字段或列字段除了可以进行自动筛选外，还能够进行标签

图 4-122 "值字段设置"对话框

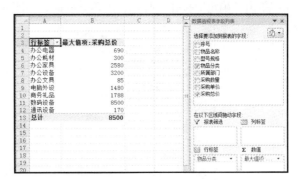

图 4-123 更改汇总方式后的效果

筛选（或日期筛选）和值筛选。单击"行标签"右侧的下拉箭头对某个行字段进行筛选时，筛选菜单中就包括了"日期筛选"和"值筛选"。

在默认情形下，对统一行字段进行多个筛选时，筛选成果并不是累加的，即筛选结果不能在上一次的筛选基本上得到。例如，数据透视表显示了某公司 2010 年的销售数据，假如要筛选出"销售日期"为"3～9 月"且"乞降项：销售额"大于 5000 的记载，当我们先对"销售日期"进行日期筛选后，再进行值筛选时，Excel 会主动撤销上一次的日期筛选而显示出"1 月"、"2 月"等月份的销售数据。

要让同一行字段可能进行多个筛选，可进步行下面的设置。

① 右击数据透视表，在弹出的快捷菜单中选择"数据透视表选项"命令，弹出"数据透视表选项"对话框。

② 单击"汇总和筛选"选项卡，勾选"每个字段允很多个筛选"。

③ 单击"确定"按钮，这样即可对"销售日期"字段同时进行日期筛选与值筛选。

实验十一　表格安全设置

一、实验目的

- 熟练掌握 Excel 2010 表格安全的设置方法。

二、实验内容

1. 保护当前工作表

设置对工作表保护后，工作表中的内容为只读状态，无法进行更改，可以通过下面操作来实现。

① 切换到要保护的工作表中，在"审阅"→"更改"选项组中单击"保护工作表"按钮（见图 4-124），打开"保护工作表"对话框。

图 4-124 单击"保护工作表"按钮

② 在"取消工作表保护时使用的密码"文本框中，输入工作表保护密码，如图 4-125 所示。

③ 单击"确定"按钮，提示输入确认密码，如图 4-126 所示。

图 4-125 "保护工作表"对话框   图 4-126 输入确认密码

④ 设置完成后，单击"确定"按钮。当再次打开该工作表时，即提示文档已被保护，无法修改，如图 4-112 所示。

图 4-127 提示对话框

2. 保护工作簿的结构不被更改

① 在"审阅"→"更改"选项组中单击"保护工作簿"按钮，如图 4-128 所示。

② 打开"保护结构和窗口"对话框，选中"结构"和"窗口"复选框，在"密码"文本框中输入密码，如图 4-129 所示。

图 4-128 单击"保护工作簿"按钮   图 4-129 "保护结构和窗口"对话框

③ 单击"确定"按钮，接着在打开的"确认密码"对话框中重新输入一遍密码，单击"确定"按钮，如图 4-130 所示。

④ 保存工作簿，即可完成设置。

3. 加密工作簿

如果不希望他人打开某工作簿，可以对该工作簿进行加密。设置后，只有输入正确的密码才能打开工作簿。

① 工作簿编辑完成后，单击"文件"→"信息"命令，在右侧单击"保护工作簿"下拉按钮，在下拉菜单中选择"用密码进行加密"选项。

② 打开"加密文档"对话框，在"密码"文本框中输入密码，单击"确定"按钮，如图 4-131 所示。

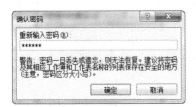

图 4-130 "确认密码"对话框

图 4-131 "加密文档"对话框

③ 在打开的"确认密码"对话框中重新输入一遍密码，单击"确定"按钮，如图 4-132 所示。

④ 打开加密文档，弹出"密码"对话框，输入密码，单击"确定"按钮，如图 4-133 所示。

图 4-132 "确认密码"对话框

图 4-133 "密码"对话框

实验十二 表格打印

一、实验目的

- 掌握 Excel 文档的页面设置的方法与步骤。
- 掌握 Excel 文档的打印设置及打印方法。

二、相关知识

打印预览有助于避免多次打印尝试和在打印输出中出现截断的数据。

1. 在打印前预览工作表页

在打印前，选定要预览的工作表。单击"文件"→"打印"命令，在视图右侧显示"打印预览"窗口，若选择了多个工作表，或者一个工作表含有多页数据时，要预览下一页和上一页，请在"打印预览"窗口的底部单击"下一页"和"上一页"按钮。单击"显示边距"按钮，会在"打印预览"窗口中显示页边距，要更改页边距，可将页边距拖至所需的高度和宽度。还可以通过拖动打印预览页顶部的控点来更改列宽。

2. 利用"分页预览"视图调整分页符

分页符是为了便于打印，将一张工作表分隔为多页的分隔符。在"分页预览"视图中可以轻松地实现添加、删除或移动分页符。手动插入的分页符以实线显示。虚线指示 Excel 自动分页的位置。

3. 利用"页面布局"视图对页面进行微调

打印包含大量数据或图表的 Excel 工作表之前，可以在"视图"选项卡"工作簿视图"功能组新的"页面布局"视图中快速对其进行微调，使工作表达到专业水准。在此视图中，可以如同在"普通"视图中那样更改数据的布局和格式。此外，还可以使用标尺测量数据的宽度和高度，更改页面方向，添加或更改页眉和页脚，设置打印边距，隐藏或显示行标题与列标题以及将图表或形状等各种对象准确放置在所需的位置。

三、实验内容

1. 设置页面

表格默认的打印方向是纵向的，如果当前表格较宽，纵向打印时不能完成显示出来，此时则可以设置纸张方向为"横向"。具体操作步骤如下。

① 切换到需要打印的表格中，在"页面布局"→"页面设置"选项组中单击"纸张方向"按钮，从打开的下拉菜单中选择"横向"，如图 4-134 所示。

② 单击"文件"→"打印"命令，即可在右侧显示出打印预览效果，如图 4-135 所示（横向打印效果）。

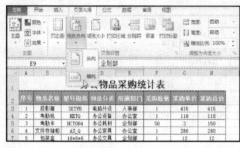

图 4-134　设置纸张方向

图 4-135　横向打印效果

③ 如果当前要使用的打印纸张不是默认的 A4 纸，则需要在"页面设置"选项组中单击"纸张大小"按钮，从打开的下拉菜单中选择当前使用的纸张规则，如图 4-136 所示。

2. 让打印内容居中显示

如果表格的内容比较少，默认情况下将显示在页面的左上角（见图 4-137），此时一般要将表格打印在纸张的正中间才比较美观。具体操作步骤如下。

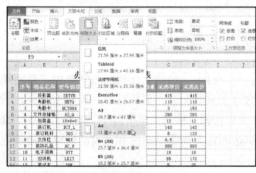

图 4-136　设置纸张大小

图 4-137　默认表格打印内容显示在页面的左上角

① 在打印预览状态下单击"页面设置"按钮，打开"页面设置"对话框。

② 切换到"页边距"选项卡下，同时选中"居中方式"栏中的"水平"和"垂直"两个复选框，如图 4-138 所示。

③ 单击"确定"按钮，可以看到预览效果中表格显示在纸张正中间，如图 4-139 所示。

④ 在预览状态下调整完毕后执行打印即可。

3. 只打印一个连续的单元格区域

如果只想打印工作表中一个连续的单元格区域，需要按如下方法操作。

① 在工作表中选中部分需要打印的内容，在"页面布局"→"页面设置"选项组中单击"打印区域"按钮，在打开的下拉菜单中单击"设置为打印区域"命令，如图 4-140 所示。

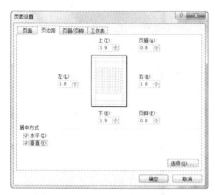

图 4-138 "页面设置"对话框

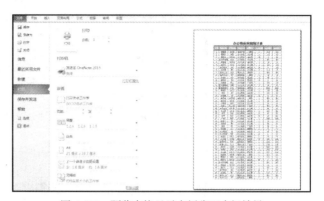

图 4-139 预览表格显示在纸张正中间效果

② 执行①步操作后即可建立一个打印区域,单击"文件"→"打印"命令,进入打印预览状态,可以看到当前工作表中只有这个打印区域将会被打印(见图 4-141),其他内容不打印。

图 4-140 设置打印区域

图 4-141 打印预览

4. 设置打印份数或打印指定页

在执行打印前可以根据需要设置打印份数,并且如果工作表包含多页内容,也可以设置只打印指定的页。

① 切换到要打印的工作表中,单击"文件"→"打印"命令,即可展开打印设置选项。

② 在左侧的"份数"文本框中可以填写需要打印的份数;在"设置"栏的"页数"文本框中输入要打印的页码或页码范围,如图 4-142 所示。

③ 设置完成后,单击"打印"按钮,即可开始打印。

图 4-142 设置打印份数或打印指定页

四、实验拓展

如何在 Excel 中实现固定打印表头与表尾

Excel 提供了打印顶端标题行的功能,如图 4-143 所示。

操作步骤如下。

单击:"页面布局"→"页面设置"→"打印标题",分别如图 4-144、图 4-145、图 4-146、图 4-147、图 4-148 所示。

图 4-143 "页面设置"对话框

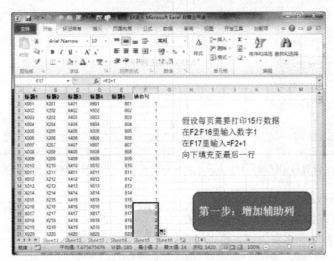

假设每页需要打印15行数据
在F2:F16里输入数字1
在F17里输入=F2+1
向下填充至最后一行

第一步：增加辅助列

图 4-144 第一步

第二步：分类汇总

图 4-145 第二步

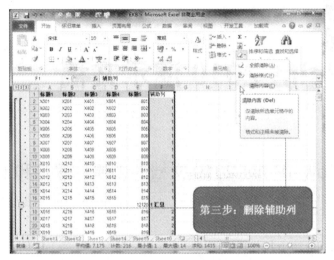

图 4-146　第三步

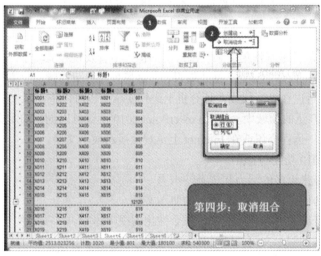

图 4-147　第四步

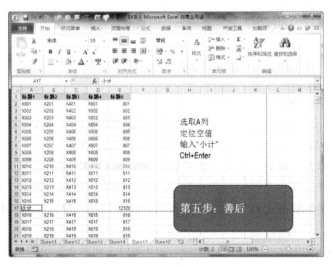

图 4-148　第五步

第 5 章
PowerPoint 2010 演示文稿

实验一 PowerPoint 2010 文档的创建、保存和退出

一、实验目的

- 熟悉 PowerPoint 2010 操作环境。
- 掌握 PowerPoint 2010 打开、退出的方法。
- 学会 PowerPoint 2010 文件的创建、保存等操作方法。

二、相关知识

PowerPoint 2010 软件是制作集文字、图形、图像、声音及视频剪辑于一体的演示文稿软件。在 PowerPoint 2010 中可以添加淡化、格式效果、书签场景并剪裁视频，为演示文稿增添专业的多媒体体验。用户不仅可以在投影仪或者计算机上进行演示，也可以将演示文稿打印出来，制作成胶片，以便应用到更广泛的领域中。利用 PowerPoint 2010 不仅可以创建演示文稿，还可以在互联网上召开面对面会议、远程会议或在 Internet 上给观众展示演示文稿。

1. PowerPoint 2010 功能与特点

① 为演示文稿带来更多的活力和视觉冲击力。

② 与他人同时协同工作，创建高质量的演示文稿。

③ 提供了更多音频和可视化功能，增添个性化的视频体验。

④ 从更多位置访问演示文稿，即时显示和播放。

⑤ 可以从更多位置、在更多设备上访问演示文稿。

⑥ 强大的图片编辑工具。

⑦ 利用新的切换功能和改进的动画牢牢抓住观众的注意力。

⑧ 更有效地组织和打印幻灯片。

⑨ 节省时间和简化工作、更快地完成工作。

⑩ 处理多个演示文稿和在多个监视器上演示。

2. PowerPoint 2010 窗口介绍

在 PowerPoint 2010 编辑窗口中，可以创建一个或多个默认的演示文稿，其文件名为演示文稿 1、演示文稿 2 等。一份演示文稿就是一个 PowerPoint 2010 文件，它由若干张幻灯片组成。这些幻灯片内容各不相同，却又互相关联，共同构成一个演示主题，也就是该演示文稿要表达的内容。每张幻灯片上可以包含文字、图形、图像、表格、音乐、视频等各种可以输入和编辑的对象。制作演示文稿实际上就是在创建一张张的幻灯片，每一时刻只能对一张幻灯片进行操作。

启动 PowerPoint 2010 后，打开 PowerPoint 2010 窗口，如图 5-1 所示。

图 5-1　幻灯片窗口

PowerPoint 窗口由以下几部分组成。

- 快速访问工具栏：该工具栏提供了一些常用的命令按钮，用户可以根据需要增加或减少。
- 选项卡：使用选项卡中的各个功能可以对幻灯片进行编辑。
- 功能区：包括命令按钮、图片库等。
- 文件菜单：包括一些对幻灯片文件操作的命令，如新建、保存、打开、另存为等命令。
- 幻灯片窗口：编辑幻灯片的工作区，主要用于编辑文本，具有插入文本框、图片、表格、图表、绘图对象、电影、声音、超链接、动画等功能。
- 大纲选项卡：可以显示演示文稿中全部幻灯片的编号顺序、图标、标题和主要文本信息。
- 幻灯片选项卡：显示幻灯片的缩略图，主要用于添加、调换幻灯片的次序、删除幻灯片以及快速浏览幻灯片。
- 视图方式：为用户提供观看幻灯片的视图方式，包括普通视图、幻灯片浏览、备注页和幻灯片放映视图。
- 备注窗口：备注窗口位于下部，主要用于写入与每张幻灯片的内容相关的备注说明。
- 状态栏：显示页计数、总页数、设计模板、拼写检查等信息。

3. PowerPoint 2010 视图方式

PowerPoint 2010 提供了许多用于浏览、编辑演示文稿的视图，可以帮助用户创建出具有专业水准的演示文稿。

（1）普通视图

普通视图是主要的编辑视图，可用于撰写和设计演示文稿。

普通视图有 4 个工作区域，如图 5-1 所示。

- 大纲选项卡：以大纲形式显示幻灯片文本。
- 幻灯片选项卡：在编辑时以缩略图大小的图像在演示文稿中观看幻灯片。使用缩略图能方便地遍历演示文稿，并观看任何设计更改的效果。在这里还可以轻松地重新排列、添加或删除幻灯片。

- 幻灯片窗口：在 PowerPoint 窗口的右上方，"幻灯片"窗格显示当前幻灯片的大视图。在此视图中显示当前幻灯片时，可以添加文本，插入图片、表格、SmartArt 图形、图表、图形对象、文本框、电影、声音、超链接和动画。
- 备注窗口：在"幻灯片"窗格下的"备注"窗格中，可以键入要应用于当前幻灯片的备注。以后，用户可以将备注打印出来并在放映演示文稿时进行参考。用户还可以将打印好的备注分发给受众，或者将备注包括在发送给受众或发布在网页上的演示文稿中。

提示

若要查看普通视图中的标尺或网格线，可以在"视图"选项卡上的"放映"组中选中"标尺"或"网格线"复选框。

（2）幻灯片浏览视图

幻灯片浏览视图可以使用户查看缩略图形式的幻灯片。通过此视图，用户可以轻松地对演示文稿的顺序进行排列和组织。用户还可以在幻灯片浏览视图中添加节，并按不同的类别或节对幻灯片进行排序。

（3）备注页视图

"备注"窗格位于"幻灯片"窗格下。用户可以键入要应用于当前幻灯片的备注。用户可以将备注打印出来并在放映演示文稿时进行参考。

提示

如果要以整页格式查看和使用备注，请在"视图"选项卡上的"演示文稿视图"组中单击"备注页"。

（4）母版视图

母版视图包括幻灯片母版视图、讲义母版视图和备注母版视图。它们是存储有关演示文稿信息的主要幻灯片，其中包括背景、颜色、字体、效果、占位符大小和位置。使用母版视图的一个主要优点是，在幻灯片母版、备注母版或讲义母版上，可以对与演示文稿关联的每个幻灯片、备注页或讲义的样式进行统一更改。

（5）幻灯片放映视图

幻灯片放映视图可用于向受众放映演示文稿。幻灯片放映视图会占据整个计算机屏幕，这与受众观看演示文稿时在大屏幕上显示的演示文稿完全一样。用户可以看到图形、计时、电影、动画效果和切换效果在实际演示中的具体效果。

提示

若要退出幻灯片放映视图，请按 Esc 键。

（6）演示者视图

演示者视图是一种可以在演示期间使用的基于幻灯片放映的关键视图。借助两台监视器，可以运行其他程序并查看演示者备注，而这些是受众所无法看到的。若要使用演示者视图，请确保用户的计算机具有多监视器功能，同时也要打开多监视器支持和演示者视图。

（7）阅读视图

阅读视图用于向用户自己的计算机查看演示文稿的人员而非受众（例如，通过大屏幕）放映演示文稿。如果用户希望在一个设有简单控件以方便审阅的窗口中查看演示文稿，而不想使用全屏的幻灯片放映视图，则可以在自己的计算机上使用阅读视图。如果要更改演示文稿，可随时从阅读视图切换至其他视图。

4. PowerPoint 2010 提供的操作

PowerPoint 2010 提供的操作包括创建演示文稿、编辑演示文稿、美化与排版设置动画效果、幻灯片的美化与排版、在幻灯片中引入多媒体、演示文稿的播放与打印，如图 5-2 所示。

图 5-2　PowerPoint 2010 提供的操作

三、实验步骤

1. PowerPoint 文档的新建

（1）启用 PowerPoint 程序新建文档

在桌面上单击左下角的"开始"→"所有程序"→"Microsoft Office"→"Microsoft Office PowerPoint 2010"选项，如图 5-3 所示，可启动 Microsoft Office PowerPoint 2010 主程序，打开 PowerPoint 文档。

图 5-3　新建空白演示文稿

（2）使用样本模板创建新演示文稿

如果已经打开了 PowerPoint 程序，可以在 Backstage 视窗根据内置样本新建演示文稿。

① 单击"文件"→"新建"命令，在左侧单击"样本模板"按钮，如图 5-4 所示。

② 打开样本模板，选择需要创建的样本，单击"创建"按钮即可，如图 5-5 所示。

（3）下载 Office Online 上的模板

① 单击"文件"→"新建"命令，在"Office.com 模板"区域单击"内容幻灯片"按钮，如图 5-6 所示。

② 在内容幻灯片下选择需要的模板，单击"下载"按钮，即可根据现有文档新建文档，如图 5-7 所示。

图 5-4　单击"样本模板"按钮

图 5-5　创建样本模板

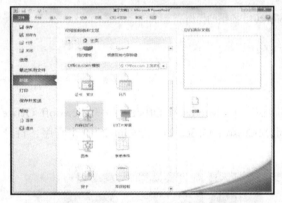

图 5-6　选择 OfficeOline 上模板类型

图 5-7　选择需要的模板

2. PowerPoint 文档的保存

① 单击"文件"→"另存为"命令，如图 5-8 所示。

② 打开"另存为"对话框，为文档设置保存路径和保存类型，单击"保存"按钮即可，如图 5-9 所示。

图 5-8　选择"另存为"按钮

图 5-9　设置保存路径

3. PowerPoint 文档的退出

（1）单击"关闭"按钮

打开 Microsoft Office PowerPoint 2010 程序后，单击程序右上角的"关闭"按钮 ❌ ，可快速退出主程序，如图 5-10 所示。

（2）从 Backstage 视窗退出

打开 Microsoft Office PowerPoint 2010 程序后，单击"文件"→"退出"命令，即可关闭程序。如图 5-11 所示。

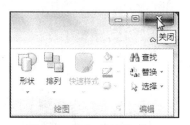
图 5-10　单击"关闭"按钮

图 5-11　使用"退出"标签

四、实验拓展

创建演示文稿就是利用 PowerPoint 2010 创建一个由若干张幻灯片组成的文件。其内容可以是文本、图片、图形、动画、图表、视频等，其文件类型为"*.pptx"或"*.ppt"。

创建演示文稿的过程主要包括创建新演示文稿，选择演示文稿的模板与版式，添加文本、表格、图表、图形、图像、媒体，设置幻灯片的动画和切换效果，最后是演示文稿的放映、打印和发布，如图 5-12 所示。

1．使用模板创建演示文稿

使用设计模板创建的演示文稿，其特点是具有统一的背景图案和背景颜色。

具体操作步骤如下。

① 打开 PowerPoint 2010 编辑窗口，单击"文件"→"新建"命令，选择"Office.com"模板中的"科技"模板类型。

② 创建第一张幻灯片，单击"幻灯片"功能区中的"版式"下拉按钮，选择一种版式，如图 5-13 所示。

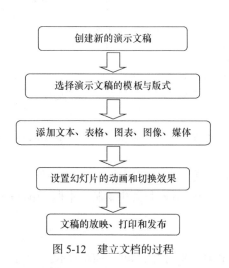
图 5-12　建立文档的过程

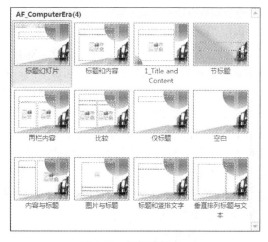
图 5-13　幻灯片版式

③ 按照所选的版式输入相应的内容，如文本、图片、表格等内容。

重复第②～③步骤，即可创建许多张幻灯片；

④ 单击"快速访问工具栏"中的"保存"命令即可完成演示文稿的创建，如图 5-14 所示。

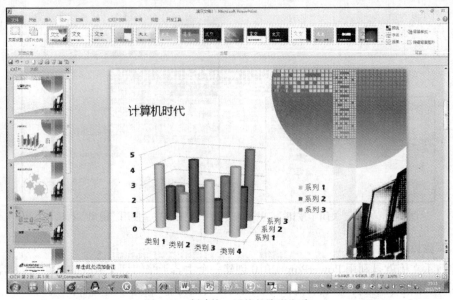

图 5-14　创建统一风格的演示文稿

2. 创建风格独特的演示文稿

用户可以按照自己的设计风格添加背景色或背景图案，从而设计出风格独特的演示文稿。在创建文稿时，大部分的演示文稿是采用设计模板的方法创建的，而有一些演示文稿则需要特殊的背景，如单色或用其他背景色，也可以采用这种方法来创建。

具体操作步骤如下。

① 打开 PowerPoint 2010 编辑窗口。

② 单击"文件"→"新建"→"空白演示文档"选项。

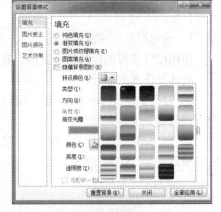

图 5-15　"设置背景格式"对话框

③ 单击"设计"→"背景"选项组中"背景样式"下拉列表中的"设置背景格式"按钮，打开"设置背景格式"对话框；或者直接选择背景样式列表中的一种背景样式。

④ 在"设置背景格式"对话框中设置"渐变光圈"、"颜色"、"亮度"、"透明度"等选项，单击"全部应用"按钮，如图 5-15 所示。

⑤ 创建第一张幻灯片。单击"开始"→"幻灯片"选项组中的"版式"按钮，显示幻灯片版式下拉列表，选择一种版式后添加各板块的内容。

⑥ 单击"开始"→"新建幻灯片"中的一种 Office 主题，如选择一种"空白"主题。

⑦ 单击"插入"→"文本"功能区中的"文本框"命令，在幻灯片中绘制文本框，输入一个标题，插入图片和文本框。

⑧ 输入文本框的内容。

⑨ 重复步骤⑥～⑧可以按照自己设计的背景、版式制作幻灯片，如图 5-16 所示。

⑩ 单击"保存"按钮即可。

3. 创建电子相册演示文稿

具体操作步骤如下。

① 单击"插入"→"图像"功能区中的"相册"下拉按钮，选择"新建相册"命令，打开"相册"对话框。

② 在"相册"对话框中，双击插入图片来自"文件/磁盘"按钮，双击"在计算机磁盘上的图片"，如图 5-17 所示。

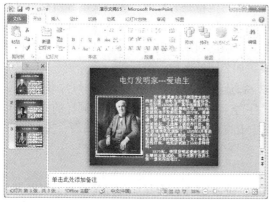

图 5-16　按照自己设计的背景制作的幻灯片　　　　图 5-17　在相册中添加照片

③ 重复步骤②即可添加多张图片，并且单击"相册中的图片"可以进行浏览，如图 5-18 所示。

图 5-18　电子相册幻灯片

④ 单击"放映"按钮即可播放。

实验二　母版设计

一、实验目的

- 掌握 PowerPoint 2010 母版设计的方法。

二、相关知识

幻灯片母版是幻灯片层次结构中的顶层幻灯片，用于存储有关演示文稿的主题和幻灯片版式，它影响整个演示文稿的外观，所以在日常工作中首先要掌握母版的设计。

PowerPoint 2010 提供了 3 种母版，利用它们可以分别控制演示文稿的每一个主要部分的外观和格式。它们分别是：幻灯片母版、讲义母版和备注母版。

1. 幻灯片母版

幻灯片母版是一张包含格式占位符的幻灯片。这些占位符是为标题、主要文本和所有幻灯片中出现的背景项目而设置的。用户可以在幻灯片母版上为所有幻灯片设置默认版式和格式。换句话说，如果更改幻灯片母版，会影响所有基于幻灯片母版的演示文稿幻灯片。在幻灯片母版视图下，可以设置每张幻灯片上都要出现的文字或图案，如公司的名称、徽标等。

在"视图"选项卡中单击"幻灯片母版"按钮，系统会在幻灯片窗格中显示幻灯片母版样式。此时用户可以改变标题的版式，设置标题的字体、字号、字形、对齐方式等，用同样的方法可以设置其他文本的样式。用户也可以通过"插入"选项卡将对象（例如，剪贴画、图表、艺术字等）添加到幻灯片母版上。

2. 讲义母版

讲义母版是演示文稿的打印版本，为了在打印出来的讲义中留有足够的注释空间，可以设定在每一页中打印幻灯片的数量。也就是说，讲义母版用于编排讲义的格式，它还包括设置页眉页脚、占位符格式等。

3. 备注母版

备注母版主要控制备注页的格式。备注页是用户输入的对幻灯片的注释内容。利用备注母版，可以控制备注页中输入的备注内容与外观。另外，备注母版还可以调整幻灯片的大小和位置。

三、实验步骤

1. 快速应用内置主题

① 在幻灯片中，在"设计"→"主题"选项组单击 按钮，在展开的下拉菜单中选择适合的主题，如图 5-19 所示。

② 将应用主题后的幻灯片效果如图，如图 5-20 所示。

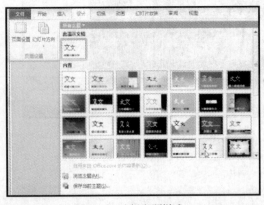

图 5-19　选择主题样式

图 5-20　应用主题

2. 更改主题颜色

① 在"设计"→"主题"选项组中单击"颜色"下拉按钮，在其下拉菜单中选择适合的颜色。

② 选择适合的主题颜色后，即可更改主题颜色，如图 5-21 所示。

图 5-21　更改主题颜色

3.　插入、重命名幻灯片母版

（1）插入母版

① 在幻灯片母版视图中，选中要设置的文本，在"视图"→"母版视图"选项组中单击"幻灯片母版"按钮，进入幻灯片母版界面，在"编辑母版"选项组中单击"插入幻灯片母版"按钮，如图 5-22 所示。

② 插入幻灯片母版之后，具体效果如图 5-23 所示。

图 5-22　单击"插入幻灯片母版"按钮

图 5-23　插入母版

（2）重命名母版

① 在"编辑母版"选项组中单击"重命名"按钮，如图 5-24 所示。

② 打开"重命名板式"对话框，在"板式名称"文本框中输入名称，单击"重命名"按钮即可，如图 5-25 所示。

图 5-24　单击"重命名"按钮

图 5-25　重命名母版

4.　修改母版版式

① 在"幻灯片母版"→"母版版式"选项组中单击"插入占位符"下拉按钮。在下拉菜单中

选择"图片"命令，如图 5-26 所示。

② 在母版中绘制，即可看到插入了图片占位符，如图 5-27 所示。

图 5-26　选择要插入的占位符　　　　图 5-27　插入图片占位符

5. 设置母版背景

① 在"幻灯片母版"→"背景"选项组中单击"背景样式"下拉按钮，在下拉菜单中选择"设置背景格式"命令，如图 5-28 所示。

图 5-28　选择"设置背景格式"命令

② 打开"设置背景格式"对话框，在"填充"选项下设置渐变填充效果，如图 5-29 所示。

③ 单击"确定"按钮，返回到幻灯片母版中，即可看到设置后的效果，如图 5-30 所示。

图 5-29　设置渐变样式　　　　图 5-30　应用设置好的背景格式

四、实验拓展

通过修改幻灯片母版、为幻灯片插入图片等方式来美化幻灯片。实际上，幻灯片由两部分组成，一部分是幻灯片本身，另一部分就是母版。在播放幻灯片时，母版是固定的，而更换的则是上面的幻灯片本身。有时为了活跃幻灯片的播放效果，需要修改部分幻灯片的背景，这时可以通过对幻灯片背景的设置来改变它们。

在"设计"选项卡中单击"背景"选项组右侧的向下箭头，系统会显示"设置背景格式"对话框，如图 5-31 所示。

图 5-31 "设置背景格式"对话框

可以为幻灯片设置"纯色填充"、"渐变填充"、"图片或纹理填充"、"图案填充"等背景。

实验三 文本的编辑与美化

一、实验目的

- 掌握 PowerPoint 2010 文本编辑功能。
- 学会利用 PowerPoint 2010 对演示文稿进行美化。

二、相关知识

在 PowerPoint 2010 中，文本内容都是在文本框中输入与编辑。作为初级用户需要掌握 PowerPoint 文本编辑和美化的基本操作，包括：

① 在幻灯片中插入文本、文本框、图形、表格、图表、图片、多媒体等；

② 幻灯片的选择、复制、移动、删除等。

用户还可以通过 PowerPoint 2010 提供的 4 种显示演示文稿的视图方式，浏览演示文稿的标题、内容和整体效果并对其进行编辑操作。在编辑状态下，既可以对幻灯片中的对象进行插入、复制、移动、删除等操作，也可以对幻灯片进行插入、复制、移动、删除等操作。

三、实验步骤

1. 添加艺术字

① 在"插入"→"文本"选项组中单击"艺术字"下拉按钮，在下拉菜单中选择一种适合的艺术字样式，如图 5-32 所示。

② 此时系统会在幻灯片中添加一个艺术字的文本框，在文本框中输入文字会自动套用艺术字样式，效果如图 5-33 所示。

图 5-32 选择艺术字样式

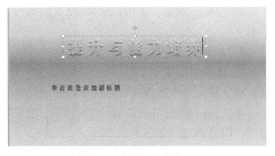

图 5-33 添加艺术字

2. 设置字符间距

① 选择需要设置间距的文本，在"开始"→"字体"选项组中单击"字符"下拉按钮，在下拉菜单中选择"其他间距"命令，如图 5-34 所示。

② 打开"字体"对话框，在"间距"文本框下拉菜单中选择"加宽"，接着在"度量值"文本框输入"10"，单击"确定"按钮，即可将调整字符间距，如图 5-35 所示。

图 5-34　选择"其他间距"命令

图 5-35　设置字符间距

3. 设置文本框内容自动换行

① 选中文本框，在"开始"→"段落"选项组中单击"文字方向"下拉按钮，在下拉菜单中选择"其他选项"命令，如图 5-36 所示。

② 打开"设置文本效果"对话框，在"文本框"选项下选中"形状中的文字自动换行"复选框，如图 5-37 所示。

图 5-36　选择"其他选项"命令

图 5-37　设置文字自动换行

③ 单击"确定"按钮，返回到幻灯片中，即可看到文档中的文字自动换行，效果如图 5-38 所示。

4. 添加项目符号

① 选择需要添加项目符号的文本，在"开始"→"段落"选项组中单击"项目符号"下拉按钮，在下拉菜单中选择"项目符号和编号"命令，如图 5-39 所示。

② 打开"项目符号和编号"对话框，在"项目符号"选项下选中需要的项目符号类型，并设置项目符号颜色，如图 5-40 所示。

③ 单击"确定"按钮，返回到幻灯片中，即可看到文档中的文字添加项目符号，效果如图 5-41 所示。

图 5-38　自动换行效果

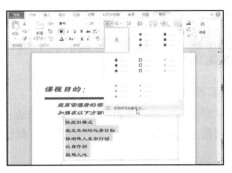

图 5-39　选择"项目符号和编号"命令

图 5-40　设置项目符号样式

图 5-41　添加项目符号

四、实验拓展

对于初学者来说要注意以下 3 方面。

1. 注意条理性

使用 PowerPoint 制作演示文稿的目的，是将要叙述的问题以提纲挈领的方式表达出来，让观众一目了然。如果仅是将一篇文章分成若干片段，平铺直叙地表现出来，则显得乏味，很难以提起观众的兴趣。一个好的演示文稿应紧紧围绕所要表达的中心思想，划分不同的层次段落，编制文档的目录结构。同时，为了加深印象和理解，这个目录结构应在演示文稿中"不厌其烦"地出现，即在 PowerPoint 文档的开始要全面阐述，以告知本文要讲解的几个要点；在每个不同的内容段之间也要出现，并对下文即将要叙述的段落标题给予显著标志，以告知观众现在要转移话题了。

2. 自然胜过花哨

在设计演示文稿时，很多人为了使之精彩纷呈，常常煞费苦心地在演示文稿上大作文章，如添加艺术字体、变换颜色、穿插五花八门的动画效果等。这样的演示看似精彩，其实往往弄巧成拙，因为样式过多会分散观众的注意力，不好把握内容重点，难以达到预期的演示效果。好的 PowerPoint 要保持淳朴自然，简洁一致，最为重要的是文章的主题要与演示的目的协调配合。如果演讲内容是随着演讲者演讲的进度出现的，穿插动画可以起到从局部到全面的效果，提高观众的兴趣，否则显得零乱。

3. 使用技巧实现特殊效果

为了阐明一个问题经常采用一些图示以及特殊动画效果，但是在 PowerPoint 的动画中有时也难以满足需求。例如，采用闪烁效果说明一段文字时，在演示中是一闪而过，观众根本无法看清，为了达到闪烁不停的效果，还需要借助一定的技巧，组合使用动画效果才能实现。还有一种情况，如果需要在 PowerPoint 中引用其他的文档资料、图片、表格或从某点展开演讲，可以使用超级链接。但在使用时一定要注意"有去有回"，设置好返回链接，必要时可以使用自定义放映，否则在演示中可能会出现到了引用处，却回不了原引用点的尴尬。

实验四　形状和图片的应用

一、实验目的

- 掌握 PowerPoint 2010 图形的操作功能。
- 掌握 PowerPoint 2010 图片的添加、修改方法。

二、相关知识

在 PowerPoint 中，形状和图片是提升视觉传达力的一个重要元素，可以使幻灯片更加美观，因此，幻灯片中的形状和图片的应用必须掌握。

演示文稿中只有文字信息是远远不够的。在 PowerPoint 2010 中，用户可以插入剪贴画和图片，并且可以利用系统提供的绘图工具，绘制自己需要的简单图形对象。另外，用户还可以对插入的图片进行修改。

1. 编辑"剪贴画"

Office 剪辑库自带了大量的剪贴画，其中包括人物、植物、动物、建筑物、背景、标志、保健、科学、工具、旅游、农业及形状等图形类别。用户可以直接将这些剪贴画插入到演示文稿中。

（1）插入"剪贴画"

单击"插入"选项卡，再单击"剪贴画"按钮，"剪贴画"任务窗格就会在窗口右侧打开。单击一幅剪贴画，就可以将其插入到幻灯片中，如图 5-42 所示。利用"图片工具"可以对插入的剪贴画或图片进行编辑，如改变图片的大小和位置、剪裁图片、改变图片的对比度和颜色等。

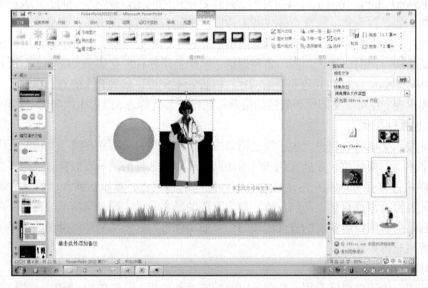

图 5-42　插入剪贴画

（2）编辑"剪贴画"

在幻灯片上插入一幅剪贴画后，一般都要对其进行编辑。对图片所作的编辑，大都通过图片的"尺寸控制点"和"图片工具"的"格式"选项卡中的命令按钮来进行。

当剪贴画在幻灯片上的位置不合适的时候，可以用鼠标拖动剪贴画的尺寸控制点以改变剪贴画的大小。将鼠标指向剪贴画，可以将剪贴画拖动到指定位置。如果需要精确调整剪贴画的"大小和位置"，可以通过单击"格式"→"大小"选项组右下角的箭头，打开"大小和位置"对话框进行设定。

当只需要剪贴画中的某个部分时，可以通过"剪裁"处理。单击"格式"选项卡中的"剪裁"按钮以后，鼠标和剪贴画中尺寸控制点的样式均会发生改变。当用鼠标通过某个剪贴画尺寸控制点向内拖动鼠标时，线框以外的部分将被剪去，如图 5-43 所示。

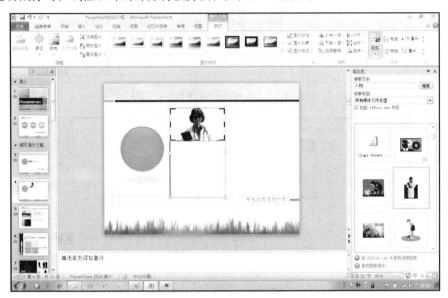

图 5-43　图片的"剪裁"

当在幻灯片上插入了多幅剪贴画后，根据需要可能要调整剪贴画的层次位置。单击需要调整层次关系的剪贴画，选择"格式"→"排列"选项组中的相关命令按钮可以对剪贴画的层次关系进行调整。

2. 编辑来自文件的图片

除了插入剪贴画外，PowerPoint 2010 还允许插入各种来源的图片文件。

在"插入"选项卡中单击"图片"按钮，系统会显示"插入图片"对话框。选择所需图片后，单击"插入"按钮，可以将文件插入到幻灯片中。

对图片的位置、大小尺寸、层次关系等的处理类似于对剪贴画的处理，在此不再赘述。

3. 编辑自选图形

在"插入"选项卡的"插图"中选择"形状"按钮，系统会显示自选图形对话框，其中包括线条、矩形、基本形状、箭头总汇、公式形状、流程图、星与旗帜、标注、动作等按钮。单击选择所需图片，然后在幻灯片中拖出所选形状。

对自选图形的位置、层次关系等的处理类似于对剪贴画的处理，在此不再赘述。

4. 编辑 Smart Art 图形

在"插入"选项卡的"插图"中选择"Smart Art"按钮，系统会显示"选择 Smart Art 图形"对话框，如图 5-44 所示。用户可以在列表、流程、循环、层次结构、关系、矩阵、棱锥图等中选择。单击选择所需图形，然后根据提示输入图形中所需的必要文字，如图 5-45 所示。如果需要对加入的 Smart Art 图形进行编辑，还可以通过"Smart Art 工具"的"设计"选项卡中的相应命令进行操作。

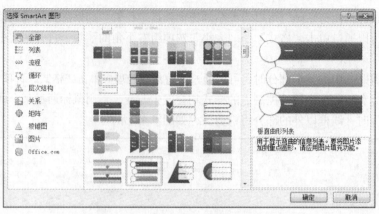

图 5-44 "选择 Smart Art 图形"对话框

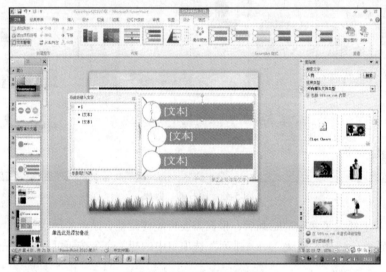

图 5-45 编辑 Smart Art 图形

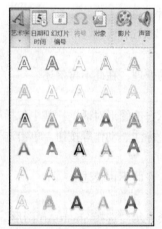

图 5-46 艺术字形状

5. 编辑图表

图表具有较好的视觉效果，当演示文稿中需要用数据说明问题时，往往用图表显示更为直观。利用 PowerPoint 2010 可以制作出常用的图表形式，包括二维图表和三维图表。在 PowerPoint 2010 中可以链接或嵌入 Excel 文件中的图表，并可以在 PowerPoint 2010 提供的数据表窗口中进行修改和编辑。

在"插入"选项卡的"插图"中选择"图表"按钮，系统会显示一个类似 Excel 编辑环境的界面，用户可以使用类似 Excel 中的操作方法编辑处理相关图表。

6. 编辑艺术字

艺术字就是以普通文字为基础，经过一系列的加工，使输出的文字具有阴影、形状、色彩等艺术效果。但艺术字是一种图形对象，它具有图形的属性，不具备文本的属性。

在"插入"选项卡的"插图"中选择"艺术字"按钮，系统会显示艺术字形状选择框，如图 5-46 所示。单击选择所需的艺术字类型，可以在弹出的"绘图工具"的"格式"选项卡中选择适当的工具对艺术字进行编辑。

三、实验步骤

1. 图形的操作技巧

（1）插入形状

① 在"插入"→"插图"选项组中单击"形状"下拉按钮，在下拉菜单中选择合适的形状，如选择"基本形状"下的"心形"，如图5-47所示。

② 拖动鼠标画出合适的形状大小，完成形状的插入，如图5-48所示。

图5-47　选择形状样式

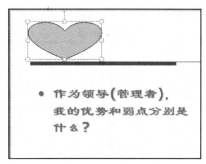

图5-48　绘制形状

（2）设置形状填充颜色

① 选中形状，在右键菜单中选择"设置形状格式"命令，图5-49所示。

② 打开"设置形状格式"对话框，单击"颜色"右侧的下拉按钮，在下拉菜单中选择适合的颜色，如图5-50所示。单击"确定"按钮，即可更改形状的填充颜色

图5-49　选择"设置形状格式"命令

图5-50　选择填充颜色

（3）在形状中添加文字

① 选中形状，在右键菜单中选择"编辑文字"命令，如图5-51所示。

② 此时系统在形状中添加光标，输入文字即可。在"字体"选项组中设置文字格式，设置完成后的效果如图5-52所示。

2. 图片的操作技巧

（1）插入电脑中的图片

① 将光标定位在需要插入图片的位置，在"插入"→"插图"选项组中单击"图片"按钮，如图5-53所示。

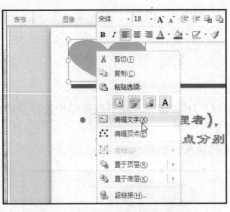

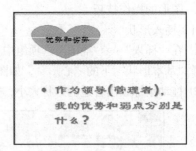

图 5-51　选择"编辑文字"命令　　　　　　　　图 5-52　添加文字后效果

②打开"插入图片"对话框，选择图片位置后再选择插入的图片，单击"插入"按钮，如图 5-54 所示。

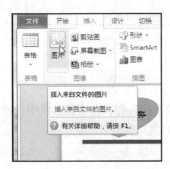

图 5-53　选择"图片"按钮　　　　　　　图 5-54　找到图片保存位置

③单击"确定"按钮，即可插入电脑中的图片。

（2）图片位置和大小调整

①插入图片后选中图片，当鼠标指针变为形状时，拖动鼠标即可移动图片，如图 5-55 所示。

②将鼠标定位到图片控制点上，当鼠标指针变为形状时，拖动鼠标即可更改图片大小，如图 5-56 所示。

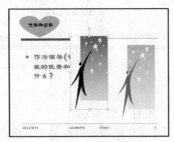

图 5-55　移动图片　　　　　　　　图 5-56　更改图片大小

（3）更改图片颜色

①在"图片工具"→"格式"→"调整"选项组中单击"颜色"下拉按钮，在下拉菜单中选择"冲蚀"。

②此时即可重新设置图片颜色，效果如图 5-57 所示。

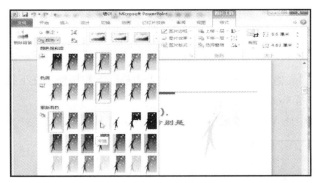

图 5-57 重新更改颜色

（4）设置图片格式

① 在"图片工具"→"格式"→"图片样式"选项组中单击▼按钮，在下拉菜单中选择一种合适的样式，如"剪裁对角线,白色"样式，如图 5-58 所示。

② 单击该样式即可将效果应用到图片中，完成外观样式的快速套用，效果如图 5-59 所示。

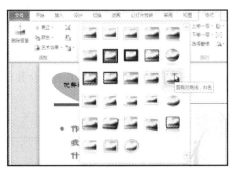

图 5-58 选择格式样式

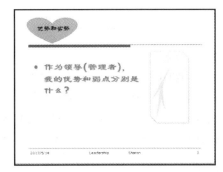

图 5-59 应用效果

四、实验拓展

若要调整图片的大小，请选中已插入的幻灯片中的图片。若要在一个或多个方向是增加或减小大小，请将尺寸控点拖向或拖离中心，同时执行下列操作之一：

- 若要保持对象中心的位置不变，请在拖动尺寸控点的同时按住 Ctrl 键；
- 若要保持对象的比例，请在拖动尺寸控点的同时按住 Shift 键；
- 若要保持对象的比例，并保持其中心位置不变，请在拖动尺寸控点的同时按住 Ctrl 键和 Shift 键。

实验五　表格和图表的应用

一、实验目的

- 掌握 PowerPoint 2010 表格的应用。
- 掌握 PowerPoint 2010 图表的使用技巧。

二、相关知识

在演示文稿的制作中，插入表格可以直观形象的表现数据与内容，插入图表可以提升幻灯片的视觉表现力，十分常用。因此，必须掌握插入表格和图表的基本操作。

三、实验步骤

1. 表格的操作技巧

（1）插入表格

① 在"开始"→"表格"选项组中单击"插入表格"下拉按钮，在下拉菜单中拖动鼠标选择一个 5×3 的表格，如图 5-60 所示。

② 此时可在文档中插入一个 5×3 的表格，如图 5-61 所示。

图 5-60　选择表格行列数

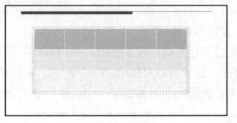

图 5-61　插入表格

（2）合并单元格

① 选中第一行单元格，在"表格工具"→"布局"→"合并"选项组中单击"合并单元格"按钮，如图 5-62 所示。

② 此时即可将第一行所有单元格合并成一个单元格，效果如图 5-63 所示。

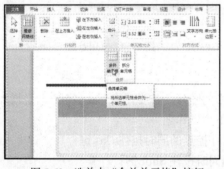

图 5-62　选单击"合并单元格"按钮

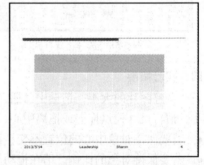

图 5-63　合并单元格

（3）套用表格样式

① 单击表格任意位置，在"表格工具"→"设计"→"表格样式"选项组中单击 按钮，在下拉菜单中选择要套样的表格样式，如图 5-64 所示。

② 选择套用的表格样式后，系统自动为表格应用选中的样式格式，效果如图 5-65 所示。

2. 图表的操作技巧

（1）插入图表

① 在"插入"→"图表"选项组中单击"图表"按钮，如图 5-66 所示。

② 打开"插入图表"对话框，在左侧单击"饼图"，在右侧选择一种图表类型，如图 5-67 所示。

③ 此时系统会弹出 Excel 表格，并在表格中显示了默认的数据，如图 5-68 所示。

④ 将需要创建表格的 Excel 数据复制到默认工作表中，如图 5-69 所示。

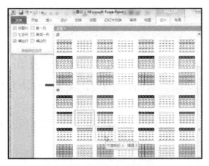

图 5-64　选择套用的样式

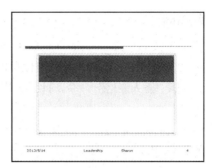

图 5-65　应用样式效果

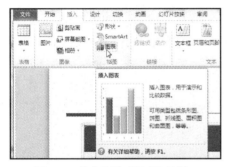

图 5-66　单击选择"图表"按钮

图 5-67　选择图表样式

图 5-68　系统默认数据源

图 5-69　更改数据源

⑤ 系统自动根据插入的数据源创建饼图,效果如图 5-70 所示。

（2）添加标题

① 在"图表工具"→"布局"→"标签"选项组中单击"图表标题"下拉按钮,在下拉菜单中选择"图表上方"命令,如图 5-71 所示。

② 此时系统会在图表上方添加一个文本框,在文本框中输入图表标题即可,效果如图 5-72 所示。

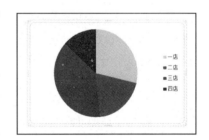

图 5-70　创建饼图

图 5-71　选择标题样式

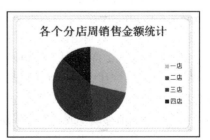

图 5-72　插入标题

四、实验拓展

如何调整单元格行高？

在 PowerPoint 2010 中添加表格，可以单击"插入"→"表格"选项组中的"表格"按钮，在下拉面板中选择"插入表格"命令。此外，用户还可以在"表格"下拉中直接选择表格的行数与列数。

在表格中，系统默认的行高如果不能满足需要，此时用户可以根据各行的具体情况调整表格的行高。在 PowerPoint 2010 中，用户可以利用以下 3 种方法调整行高。

- 鼠标：将鼠标移至需要设置行高的表格行交界线上，当鼠标指针变成双箭头样式时，直接拖动鼠标即可。
- 按钮：选择需要调整行高的行，在"布局"→"单元格大小"选项组中单击"分布行"按钮。
- 文本框：选择需要调整行高的行，在"布局"→"单元格大小"选项组中的"表格行高"文本框中输入相应行高值即可。

实验六　动画的应用

一、实验目的

- 掌握如何在演示文稿上自定义动画。

二、相关知识

自定义动画是 PowerPoint 2010 系统自带的动画效果，能使幻灯片的上的文本、形状、图像、图表或其他对象具有动画效果，这样就可以控制信息的流程，突出重点。因此，掌握动画的应用也是必不可少的。

在 PowerPoint 2010 中，用户可以通过"动画"→"动画"选项组中的命令为幻灯片上的文本、形状、声音和其他对象设置动画，这样就可以突出重点，控制信息的流程，并提高演示文稿的趣味性。

1. 快速预设动画效果

首先将演示文稿切换到普通视图方式，单击需要增加动画效果的对象并将其选中，然后单击"动画"菜单，可以根据自己的爱好，选择"动画"组中合适的效果。如果想观察所设置的各种动画效果，可以单击"动画"菜单上的"预览"选项，演示动画效果。

2. 自定义动画功能

在幻灯片中，选中要添加自定义动画的项目或对象。单击"动画"选项组中的"添加动画"按钮，下拉出"添加动画"任务，单击"进入"类别中的"旋转"选项，结束自定义动画的初步设置，如图 5-73 所示。

为幻灯片项目或对象添加了动画效果以后，该项目或对象的旁边会出现一个带有数字的彩色矩形标志，此时用户还可以对刚刚设置的动画进行修改。例如，修改触发方式、持续时间等选项。

当为同一张幻灯片中的多个对象设定了动画效果以后，它们之间的顺序还可以通过"对动画重新排序"中的"向前移动"或"向后移动"命令进行调整。

图 5-73　添加自定义动画

三、实验步骤

1. 创建进入动画

① 选中要设置进入动画效果的文字，在"动画"→"动画"选项组中单击▼按钮，在下拉菜单中"进入"栏下选择进入动画，如"跳转式由远及近"，如图 5-74 所示。

② 添加动画效果后，文字对象前面将显示动画编号１标记，如图 5-75 所示。

图 5-74 选择"进入"动画

图 5-75 应用动画显示 1

2. 创建强调动画

① 选中要设置强调动画效果的文字，在"动画"→"动画"选项组中单击▼按钮，在下拉菜单中"强调"栏下选择进入动画，如"补色"，如图 5-76 所示。

② 在预览时，可以看到文字颜色发生变化，效果如图 5-77 所示。

图 5-76 选择"强调"动画

图 5-77 动画应用效果

3. 创建退出动画

① 选中要设置强调动画效果的文字，在"动画"→"动画"选项组中单击▼按钮，在下拉菜单中选择"更多退出效果"命令，如图 5-78 所示。

② 打开"更多退出效果"对话框，选中需要设置的退出效果，如图 5-79 所示。

③ 单击"确定"按钮，即可完成设置。

4. 调整动画顺序

① 在"动画"→"高级动画"选项组中单击"动画窗格"按钮，在右侧打开动画窗格，如图 5-80 所示。

图 5-78　选择"更对退出效果"命令

图 5-79　选择退出效果

图 5-80　显示"动画窗格"

图 5-81　向上移动动画　图 5-82　移动后效果

② 选中动画 3，单击 按钮，如图 5-81 所示。

③ 此时即可看到动画 3 向上调整为动画 2，如图 5-82 所示。

5. 设置动画时间

① 在"动画"→"计时"选项组中单击"开始"文本框右侧下拉按钮，在下拉菜单中选择动画所需计时，如图 5-83 所示。

② 在"动画"→"计时"选项组中单击"持续时间"文本框右侧微调按钮，即可调整动画需要运行的时间，如图 5-84 所示。

图 5-83　设置动画开始时间

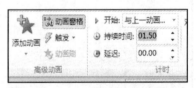

图 5-84　设置动画播放时间

四、实验拓展

1. 设置动画效果

PowerPoint 2010 提供了 4 种不同类型的动画效果，用户根据需要可以对所选对象进行"进入"动画、"退出"动画、"强调"动画和动作路径动画 4 种动画效果的设置。

（1）设置"进入动画"效果

例如，可以使文本或图片等对象逐渐淡入焦点、从边缘飞入幻灯片或者跳入幻灯片中。"进入动画"包括的内容如图 5-85 所示。

具体操作步骤如下。

① 选中幻灯片中的文本或图片。

② 单击"动画"卡→"动画"选项组中的动画命令按钮，如"缩放"按钮，再单击"动画"选项组中"效果选项"下拉列表中的效果命令，即可设置动画效果。

③ 单击"高级动画"选项组中的"添加动画"和"触发"按钮，即可进一步设置动画效果，如图 5-86 所示。

图 5-85　"进入动画"命令按钮

图 5-86　动画命令按钮

④ 单击"高级动画"选项组中的"动画窗格"按钮，在窗口右侧添加"动画窗格"，在该窗格中单击"播放"按钮可以观看动画效果。

在"动画窗格"中，除了可以观看动画效果外，还可以单击"重新排序"改变各个对象的播放先后顺序；右键单击窗口显示的动画效果列表中的某一项，可以删除动画效果设置。

（2）设置"退出动画"效果

"退出动画"效果包括使文本或图片等对象飞出幻灯片、从视图中消失或者从幻灯片旋出。"退出动画"命令按钮如图 5-87 所示。

具体操作步骤如下。

① 选中幻灯片中的文本或图片。

② 单击"动画"→"高级动画"选项组中的"添加动画"按钮，在下拉菜单中单击"退出"命令，单击"动画"选项组中"效果选项"下拉列表中的效果命令即可设置动画效果。

③ 单击"高级动画"选项组中的"添加动画"和"触发"按钮，即可进一步设置动画效果。

④ 单击"高级动画"选项组中的"动画窗格"按钮，即可在编辑窗口的右侧添加"动画窗格"，在该窗格单击"播放"按钮可以观看动画效果。

（3）设置"强调动画"效果

"强调动画"效果包括使文本或图片等对象缩小或放大、更改颜色或沿着其中心旋转。"强调动画"包括脉冲、色彩脉冲、陀螺旋等，如图 5-88 所示。

图 5-87　"退出动画"命令按钮

图 5-88　"强调动画"命令按钮

具体操作步骤如下。

① 选中幻灯片中的文本或图片。

② 单击"动画"→"高级动画"选项组中"添加动画"的下拉列表，选择一种强调动画，单击"动画"选项组中"效果选项"下拉列表中的效果命令。

③ 单击"高级动画"选项组中的"添加动画"和"触发"按钮即可进一步设置动画效果。

图 5-89　动作路径动画的命令按钮

④ 单击"高级动画"选项组中的"动画窗格"即可在编辑窗口的右侧添加"动画窗格"，在该窗格单击"播放"按钮可以观看动画效果。

（4）设置动作路径

设置动作路径，可以使文本或图片等对象上下移动、左右移动或者沿着星形或圆形图案移动（与其他动画效果一起）。

具体操作步骤如下。

① 选中幻灯片中的文本或图片。

② 单击"动画"→单击"高级动画"选项组中"添加动画"的下拉列表，选择"其他动作路径"按钮，打开"添加动作路径"对话框，如图 5-89 所示。

③ 在"添加动作路径"对话框中，单击"动作路径"动画命令按钮即可设置动画效果。

④ 单击"高级动画"选项组中的"添加动画"和"触发"按钮，即可进一步设置动画效果。

⑤ 单击"高级动画"选项组中的"动画窗格"按钮，即可在编辑窗口的右侧添加"动画窗格"，在该窗格中单击"播放"按钮可以观看动画效果。

2. 使用动画刷添加动画

在幻灯片中，为每个对象添加动画效果是比较烦琐的事情，尤其还要逐个调节时间及速度。PowerPoint 2010 新增了"动画刷"功能，可以像文本"格式刷"那样，只需要轻轻一"刷"就可以把原有对象上的动画运用到目标对象上，既方便又快捷。

具体操作步骤如下。

① 选中已经添加了动画效果的文本或图片。

② 单击"高级动画"选项组中的"动画刷"按钮，单击未设置动画效果的文本或图片，动画就被复制了。

3. 设置幻灯片的切换效果

用户在播放幻灯片时，可以根据需要设置幻灯片的切换方式和切换效果。

具体操作步骤如下。

① 在幻灯片视图下，单击"切换"→"切换到此幻灯片"选项组中的"切换"按钮，如"切出"按钮、"淡出"按钮、"推进"按钮、"擦出"按钮等。

② 单击"效果选项"下拉列表，选择一种切换效果。

③ 如图 5-90 所示，单击"全部应用"按钮、"换片方式"按钮等进一步设置换片效果。

图 5-90　设置幻灯片的切换效果

④ 单击"高级动画"选项组中的"动画窗格"按钮，在窗口右侧添加一个"动画窗格"，在该窗格中单击"播放"按钮即可观看换片效果。

一、实验目的

- 掌握在演示文稿上插入声音和 Flash 动画的方法。

二、相关知识

在演示文稿中插入音频和 Flash 动画可以为演示文稿添加声音和视频，在放映时为幻灯片锦上添花。音频和 Flash 动画是演示文稿的高级操作，在学习制作演示文稿时，也是需要掌握的。

PowerPoint 2010 为用户提供了一个功能强大的媒体剪辑库，其中包含了"音频"和"视频"。为了改善幻灯片放映时的视听效果，用户可以在幻灯片中插入声音、视频等多媒体对象，从而制作出有声有色的幻灯片。

1. 添加声音

在"插入"→"媒体"选项组中单击"音频"按钮的下拉箭头，系统会显示包含"文件中的音频"、"剪贴画音频"、"录制音频"等操作。例如，选择添加一个"剪贴画音频"，此时系统会打开"剪贴画"任务窗格，在该窗格中列出了剪辑库中所有声音文件。单击"剪贴画"任务窗格中要插入的音频文件，系统会在幻灯片上出现一个"喇叭"图标，用户可以通过"音频工具"对插入的音频文件的播放、音量等进行设置。完成设置之后，该音频文件会按前面的设置，在放映幻灯片时播放。

添加其他音频文件的操作与添加一个"剪贴画音频"的操作类似，在此就不详细叙述了。

2. 在演示文稿中插入 Flash 动画

（1）使用控件插入 Flash 动画。具体操作步骤如下。

① 在幻灯片视图方式下，切换到要插入多媒体素材的幻灯片上。

② 单击"文件"→"选项"命令→打开"PowerPoint 选项"对话框。

③ 在"PowerPoint 选项"对话框中，单击"自定义功能区"下拉列表按钮，选择"主选项"列表框中的"开发工具"复选框，然后单击"确定"按钮。

④ 在"PowerPoint 2010"窗口的选项卡区上添加一个"开发工具"选项卡。

⑤ 单击"开发工具"→"控件"选项组中的"其他控件"按钮，显示"其他控件"对话框，如图 5-91 所示。

⑥ 单击工具栏上的"其他控件"按钮，在随后弹出的下拉列表中选择"Shockwave Flash Object"选项，然后在幻灯片中拖拉出一个矩形框（此为播放窗口）。

⑦ 选中上述播放窗口，单击工具栏上的"属性"按钮，打开"属性"对话框，在"Movie"选项后面的文本框中输入需要插入的 Flash 动画文件名及完整路径，然后关闭属性窗口。

⑧ 调整好播放窗口的大小即可播放 Flash 动画。

图 5-91 "其他控件"对话框

建议将 Flash 动画文件和演示文稿保存在同一文件夹中，这样只需要输入 Flash 动画文件名称，而不需要输入文件的路径。

（2）利用插入超链接插入 Flash 动画。具体操作步骤如下。

① 运行 PowerPoint 程序，打开要插入动画的幻灯片。

② 在其中插入任意一个对象，如一段文字、一个图片等，目的是对它设置超链接。

③ 选择此对象，单击"插入"菜单，在打开的下拉菜单中单击"超级链接"。

④ 在弹出窗口的"链接到"中选择"原有文件或 Web 页"，单击"文件"按钮，选择要插入的动画，单击"确定"完成。播放动画时只要单击设置的超链接对象即可。

三、实验步骤

1. 插入音频

① 在"插入"→"媒体"选项组中单击"音频"下拉按钮，在其下拉菜单中选择"文件中的音频"命令，如图 5-92 所示。

② 在打开的"插入音频"对话框中选择合适的音频，如图 5-93 所示。

③ 单击"插入"按钮，即可在幻灯片中插入音频，如图 5-94 所示。

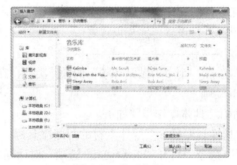

图 5-92　选择插入音频样式　　　　图 5-93　找到音频　　　　图 5-94　插入音频

2. 播放音频

① 在幻灯片中单击"播放/暂停"按钮，即可播放音频，如图 5-95 所示。

② 在"音频工具"→"播放"→"预览"选项组中单击"播放"按钮，即可播放音频，如图 5-96 所示。

3. 插入 Flash 动画

① 在"插入"→"媒体"选项组中单击"视频"下拉按钮，在其下拉菜单中选择"来自网站的视频"命令，如图 5-97 所示。

图 5-95　播放音频　　　　图 5-96　播放音频　　　　图 5-97　选择插入视频样式

② 打开"从网站插入视频"对话框，在文本框中复制 Flash 动画所在的 html 地址，如图 5-98 所示。

③ 单击"插入"按钮，即可在幻灯片中插入 Flash 动画。

4. 实例制作——卫星飞行

（1）准备素材

要制作卫星飞行的幻灯片，就需要准备好星空图片、发射卫星图片、地球图片和卫星图片，将它们存放在同一个文件夹中。

（2）设置背景素材

运行 PowerPoint 2010，新建一空白幻灯片，在"设计"选项卡中单击"背景"右下角的斜箭头，系统会显示"设置背景格式"对话框。选中其中的"图片或纹理填充"选项，然后单击"文件..."按钮，系统会显示"插入图片"对话框，如图 5-99 所示。单击其中的"星空.gif"作为背景，选择"全部应用"按钮，并退出背景设置。

图 5-98　粘贴 Flash 动画

图 5-99　"插入图片"对话框

（3）制作第一张幻灯片

在第一张幻灯片的占位符中输入"发射卫星"。插入一个文本框，输入"运载火箭把卫星从地面发射升空并送入预定轨道"。然后再选择"插入"选项卡中的"图片"按钮，插入"发射卫星"图片。调整好它们之间的大小比例、位置和"自定义动画"过程。

（4）插入第二张幻灯片

选择"开始"选项卡中的"新建新幻灯片"命令，插入一张幻灯片，然后插入"卫星"和"地球"图片（应该通过"颜色"下的"设置透明色"工具将"地球"周边设置为透明）。调整好它们之间的大小比例和位置，如图 5-100 所示。

（5）设置动画效果

用鼠标选定"卫星"图片，在"动画"选项卡中单击"添加动画"按钮，在弹出的下拉列表中选择下方的"其他动作路径"，在弹出的对话框的"基本"类型中选择"圆形扩展"命令。然后用鼠标通过 6 个控制点调整路径的位置和大小，把它拉成椭圆形，并调整到合适的位置。

单击"动画窗格"按钮，在弹出的"动画窗格"中单击"图片"右侧的下拉按钮，选择其中的"计时"命令，把其中的"开始"类型选为"在上一动画之后"，"速度"选为"慢速（3秒）"，"重复"选为"直到幻灯片末尾"，如图 5-101 所示。这样卫星就能周而复始地一直自动飞行了。

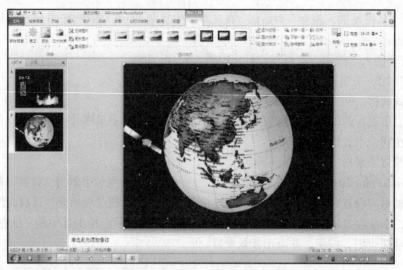

图 5-100　插入图片的编辑界面

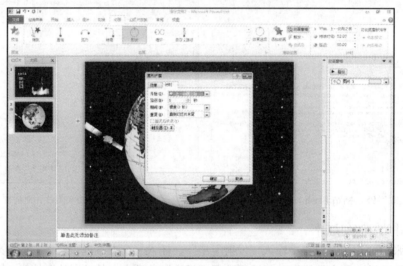

图 5-101　设置动画的编辑界面

（6）绘制运行轨迹线

为了能够看清卫星在飞行时的轨迹，可以沿着卫星的动画线路画出一个轨迹来。在"插入"选项卡中单击"形状"按钮，选择其中的"椭圆"工具画一个椭圆图形，调整其大小和位置，让它与"圆形扩展动画"的路径重合。在"图片工具"的"格式"选项卡中单击"形状填充"的下拉箭头，选择其中的"无填充颜色"。再在"图片工具"的"格式"选项卡中单击"形状轮廓"的下拉箭头，在"主题颜色"中将"线条"的颜色设置为"浅黄，背景2，深色25%"；在"粗细"中将其设置为"3 磅"；最后再将"椭圆图形"的"叠放次序""下移一层"，让"卫星"在它的上面沿轨道绕行。

（7）环绕处理

复制并在同一张幻灯片上粘贴"地球"图片，调整位置，让这两幅"地球图"完全重合。选中其中一幅"地球"图片，选择"裁剪"命令，从下往上裁剪这幅"地球"图片到适合的大小，调整它们的"叠放次序"，使得"卫星"产生绕到地球背面的效果（从下往上裁剪图片，会使地球从下面显露出来；从上往下裁剪图片，会使地球从上面显露出来）。

（8）添加文本

在"插入"选项卡中单击"文本框"按钮，在幻灯片的右上角拖出文本框，输入"卫星入轨飞行"。由于背景是黑色的，所以文本的颜色可以使用"金色"，文字的字体可以设置为"隶书"，如图 5-102 所示。

（9）保存文件

操作全部结束后，可以将文件命名为"发射卫星.pptx"。

四、实验拓展

如何插入影片文件

在"插入"→"媒体"选项组中单击"视频"按钮的下拉箭头，系统会显示包含"文件中的视频"、"来自网站的视频"、"剪贴画视频"等操作。例如，选择添加一个"文件中的视频"，此时系统会打开"插入视频文件"对话框，在用户选择了一个要插入的视频文件后，系统会在幻灯片上会出现该视频文件的窗口，用户可以像编辑其他对象一样，改变它的大小和位置。用户可以通过"视频工具"对插入的视频文件的播放、音量等进行设置。完成设置之后，该视频文件会按前面的设置，在放映幻灯片时播放。

添加其他视频文件的操作与添加"文件中的视频"的操作类似，在此就不详细叙述了。

> **注意**
>
> 在向幻灯片插入了来自"文件中的音频"和来自"文件中的视频"时，被添加的"音频"和"视频"文件的路径不能修改，否则被添加的"音频"和"视频"文件在放映幻灯片时将不能被播放。

实验八　PowerPoint 的放映设置

一、实验目的

- 掌握幻灯片放映设置。

二、相关知识

在演示文稿制作完成后，就可以观看一下演示文稿的放映效果了。在演示文稿放映之前，用户可以对放映方式进行设置，还可以排练放映时间，确保幻灯片的正常放映。

1. 放映设置

（1）设置幻灯片放映

单击"幻灯片放映"选项卡中"设置幻灯片放映"按钮，系统会显示"设置放映方式"对话框，如图 5-102 所示。

在"放映类型"区域中有 3 个选项。

① 演讲者放映（全屏幕）。该类型将以全屏幕方式显示演示文稿，这是最常用的演示方式。

② 观众自行浏览（窗口）。该类型将在小型的窗口内播放幻灯片，并提供操作命令，允许移动、编辑、复制和打印幻灯片。

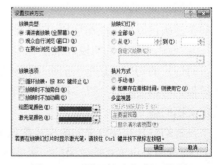

图 5-102　"设置放映方式"对话框

③ 在展台浏览（全屏幕）。该类型可以自动放映演示文稿。

用户可以根据需要在"放映类型"、"放映幻灯片"、"放映选项"、"换片方式"中进行选择，所有设置完成之后，单击"确定"按钮即可。

（2）隐藏或显示幻灯片

在放映演示文稿时，如果不希望播放某张幻灯片，则可以将其隐藏起来。隐藏幻灯片并不是将其从演示文稿中删除，只是在放映演示文稿时不显示该张幻灯片，其仍然保留在文件中。隐藏或显示幻灯片的操作步骤如下：

在"幻灯片放映"→"设置"选项组中单击"隐藏幻灯片"按钮，系统会将选中的幻灯片设置为隐藏状态。

如果要重新显示被隐藏的幻灯片，则在选中该幻灯片后，再次单击"幻灯片放映"→"设置"选项组中的"隐藏幻灯片"按钮，或者在幻灯片缩略图上单击鼠标右键，在弹出的快捷菜单中选择"隐藏幻灯片"命令即可。

（3）放映幻灯片

启动幻灯片放映的方法有很多，常用的有以下几种。

① 选择"幻灯片放映"选项卡中的"从头开始"、"从当前幻灯片开始"或者"自定义幻灯片放映"命令。

② 按 F5 键。

③ 单击窗口右下角的"放映幻灯片"按钮 🖵。

其中按 F5 键将从第一张幻灯片开始放映，单击窗口右下角的"放映幻灯片"按钮 🖵，将从演示文稿的当前幻灯片开始放映。

（4）控制幻灯片放映

在幻灯片放映时，可以用鼠标和键盘来控制翻页、定位等操作。可以用 Space 键、Enter 键、PageDown 键、→键、↓键将幻灯片切换到下一页。也可以使用 BackSpace 键、↑键、←键将幻灯片切换到上一页，还可以单击鼠标右键，从弹出的快捷菜单中选择相关命令。

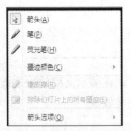

图 5-103 "幻灯片放映"工具栏

（5）对幻灯片进行标注

在放映幻灯片过程中，可以用鼠标在幻灯片上画图或写字，从而对幻灯片中的一些内容进行标注。在 PowerPoint 2010 中，还可以将播放演示文稿时所使用的墨迹保存在幻灯片中。

在放映时，屏幕的左下角会出现"幻灯片放映"控制栏，单击其中的 ▨ 按钮，或者单击鼠标右键，系统会弹出"幻灯片放映"工具栏，如图 5-103 所示，用户可以用鼠标选择使用画笔和墨迹颜色以后，在幻灯片中进行标注。

2. 使用幻灯片的切换效果

幻灯片的切换就是指当前页以何种形式消失，下一页以什么样的形式出现。设置幻灯片的切换效果，可以使幻灯片以多种不同的形式出现在屏幕上，并且可以在切换时添加声音，从而增加演示文稿的趣味性。

设置幻灯片切换效果的操作步骤如下。

① 选中要设置切换效果的一张或多张幻灯片。

② 选择"切换"选项卡，系统会显示出"切换到此幻灯片"的任务选项，如图 5-104 所示，单击选择某种切换方式。

③ 可以选择切换的"声音"、"持续时间"、"应用范围"和"切换方式"。如果在此设置中没有选择"全部应用",则前面的设置只对选中的幻灯片有效。

图 5-104 "幻灯片切换"任务选项

三、实验步骤

1. 设置幻灯片的放映方式

① 在"幻灯片放映"→"设置"选项组中单击"设置幻灯片放映"按钮,如图 5-105 所示。

② 打开"设置放映方式"对话框,在"放映类型"区域选中"观众自行浏览"单选钮,图 5-106 所示。

图 5-105 单击"设置幻灯片放映"按钮

图 5-106 选择放映方式

③ 单击"确定"按钮,即可更改幻灯片的放映类型。

2. 设置放映的时间

① 在"幻灯片放映"→"设置"选项组中单击"排练计时"按钮,图 5-107 所示。

② 随即幻灯片进行全屏放映,在其左上角会出现"录制"对话框,如图 5-108 所示。

③ 录制结束后弹出"Microsoft PowerPoint"对话框,单击"确定"按钮即可,图 5-109 所示。

图 5-107 单击"排练计时"按钮

图 5-108 排练计时

图 5-109 提示计时时间

3. 放映幻灯片

① 在"幻灯片放映"→"开始放映幻灯片"选项组中单击"从头开始"按钮,如图 5-110 所示,即可从头开始放映。

② 在"幻灯片放映"→"开始放映幻灯片"选项组中单击"从当前幻灯片开始"按钮,即可当前所在幻灯片开始放映。

图 5-110 放映幻灯片

四、实验拓展

在 PowerPoint 2010 中，演示文稿放映分为手动和自动放映两种播放方式。用户可以根据实际需要，设置演示文稿放映方式。

1. 普通手动放映

具体操作步骤如下。

① 打开演示文稿，单击"幻灯片放映"→"开始放映幻灯片"选项组中的"从头开始"按钮，或者按快捷键 F5，即可以全屏幕的形式放映幻灯片。

② 系统开始播放幻灯片，按回车键或空格键切换到下一页幻灯片。

提示

在放映幻灯片过程中，随时在幻灯片上单击鼠标右键，选择快捷菜单中的控制命令控制幻灯片的放映顺序，既可以向前翻页，也可以向后翻页，还可以选择"定位至幻灯片"等，也可以选择"结束放映"命令，退出放映。

2. 自动放映

利用 PowerPoint 提供的排列计时功能，为每一张幻灯片设置播放的时间，从而实现 PPT 自动播放功能。具体操作步骤如下。

① 打开演示文稿。

② 单击"幻灯片放映"→"设置"选项组中的"排练计时"按钮，系统自动切换到放映方式，并显示"录制"对话框，如图 5-111 所示。

③ 在"录制"对话框中会显示自动计算出的当前幻灯片的排练时间，时间的单位为秒，第一张幻灯片结束后，单击"下一项"按钮，重复此过程，计算机就会计算出整个幻灯片的时间。

④ 完成计时，系统会显示当前幻灯片放映的总时间，单击"是"按钮，即可保留幻灯片的排练时间。

⑤ 单击"开始放映幻灯片"选项组中的"从头开始播放"按钮，即可实现自动播放功能。

3. 设置放映及换片方式

在播放演示文稿前用户可以根据需要设置不同的放映方式，PowerPoint 提供的放映方式有演讲者放映、观众自行浏览和在展台浏览 3 种方式。

图 5-111　"录制"对话框

设置放映方式的步骤如下：

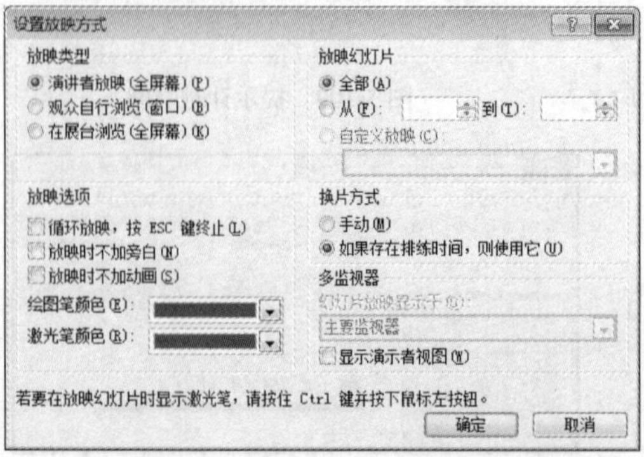

打开演示文稿，单击"幻灯片放映"→"设置"选项组中的"设置幻灯片放映"按钮，弹出"设置放映方式"对话框，如图 5-112 所示。

（1）设置放映方式

① 演讲者放映。以全屏幕形式显示，演讲者可以控制放映的进程，可用绘图笔勾画，适于大屏幕投影的会议、讲课。

② 观众自行浏览。以窗口形式显示，可编辑浏览幻灯片，适于人数少的场合。

③ 在展台放映。以全屏幕形式在展台上做演示用，按事先预定的或通过执行"排练计时"

图 5-112　"设置放映方式"对话框

命令设置的时间和次序放映，不允许现场控制放映的进程。

（2）设置换片方式

① 手动放映。在图 5-112 所示的对话框中选择"换片方式"为"手动"，则在放映幻灯片时需要单击鼠标，或按空格键，或按回车键放映下一张幻灯片；利用光标移动键也可以播放上一张或下一张幻灯片。

② 自动放映。

具体操作方法如下。

- 通过"幻灯片放映/幻灯片切换"对话框设置一种切换方式，并指定换片时间。

- 选择"幻灯片放映"菜单中的"排练计时"，弹出"录制"对话框，对话框中左边显示的时间为本幻灯片的放映时间，右边显示的时间为总的放映时间。单击"下一项"按钮可排练下一张幻灯片的放映时间。

- 单击对话框中的"关闭"按钮，显示一个计时提示框，选择"是"按钮即可保留排练时间，自动放映时即可按排练时间自动放映演示文稿。

4. 自定义放映方式

自定义放映是针对不同用户的需要，可以有选择地进行放映而设置的。例如，对于一个比较大的演示文稿，可以根据不同用户有选择地进行播放演示文稿的一部分幻灯片。

具体操作步骤如下。

① 打开演示文稿。

② 单击"幻灯片放映"→"开始放映幻灯片"选项组中的"自定义幻灯片放映"按钮，显示"自定义放映"对话框。

③ 单击"新建"按钮，显示"定义自定义放映"对话框。

④ 打开"定义自定义放映"对话框，在"在演示文稿中的幻灯片"列表中选择需要播放的幻灯片，然后单击"添加"按钮。重复此过程，即可完成选择要播放的幻灯片的工作。

⑤ 选择一些要放映的幻灯片添加到右边窗口，同时对右边窗口中不满意的幻灯片也可以选择删除后放回左边窗口。

⑥ 重复以上步骤即可完成多个不同用户放映方式的设置，如图 5-113 所示。

提示

　　需要放映自定义的幻灯片，可以右键单击幻灯片放映的画面，选择快捷菜单中的放映命令即可放映，如图 5-114 所示。

图 5-113　"自定义放映"对话框

图 5-114　自定义放映菜单

5. 放映时在幻灯片上作标记

在幻灯片放映过程中，可以使用鼠标在画面上书写或添加标记。

设置方法：在放映屏幕上单击鼠标右键，在弹出的快捷菜单中选择"指针选项"，再选择一种笔，就可以把鼠标当作画笔使用了，按住鼠标左键，可以在屏幕上画图或书写。

实验九　PowerPoint 的安全设置

一、实验目的

- 掌握保护演示文稿的方法。

二、相关知识

在制作完成演示文稿后，如果不想他人对演示文稿内容进行修改，需要对幻灯片添加密码来进行保护。

三、实验步骤

① 单击"文件"→"信息"命令，在右侧窗格单击"保护演示文稿"下拉按钮，在其下拉菜单中选择"用密码进行加密"命令，如图 5-115 所示。

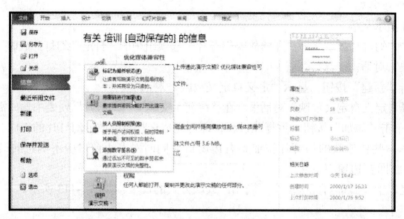

图 5-115　选择保护方式

② 打开"加密文档"对话框，在"密码"文本框中输入密码，单击"确定"按钮，如图 5-116 所示。

③ 打开"确认密码"对话框，在"重新输入密码"文本框中再次输入设置的密码，单击"确定"按钮，如图 5-117 所示。

图 5-116　输入密码

图 5-117　确认密码

④ 关闭演示文稿后，再次打开演示文稿时，系统会提示先输入密码，如若密码不正确则不能打开文档。

四、实验拓展

除了使用密码外，还可以将演示文稿输出为图片格式或 pdf 格式，同样可以防止用户修改演示文稿。

实验十　PowerPoint 的输出与发布

一、实验目的

● 掌握将演示文稿输出为图片和 pdf 格式。

二、相关知识

对于制作好的演示文稿，除了将其保存为演示文稿文件外，还可以以其他的方式保存，如图片和 PDF 文件格式。这样做的好处是可以防止用户修改已做好的演示文稿，起到保护作用。

三、实验步骤

1. 输出为 JPGE 图片

① 单击"文件"→"另存为"命令，打开"另存为"对话框，设置文件名和保存位置，单击"保存类型"下拉按钮，在下拉菜单中选择"JPGE 文件交换格式"，如图 5-118 所示。

② 单击"保存"按钮，即可将文件保存为 JPGE 格式，保存后的效果如图 5-119 所示。

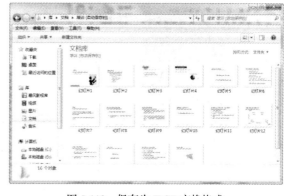

　　图 5-118　选择保存方式　　　　　　　　　图 5-119　保存为 JPGE 交换格式

2. 发布为 PDF 文档

① 单击"文件"→"保存并发送"命令，接着单击"创建 PDF/XPS 文档"按钮，在最右侧单击"创建 PDF/XPS"按钮，如图 5-120 所示。

② 打开"发布为 PDF 或 XPS"对话框，设置演示文稿的保存名称和路径，如图 5-121 所示。

③ 单击"发布"按钮，即可将演示文稿输出为 PDF 格式，效果如图 5-122 所示。

四、实验拓展

演示文稿可以放映，可以导出图片和 pdf 格式，也可以打印出来，打印的方法与 Office 2010系列其他软件相同，需要安装打印机、设置页面属性和打印范围等。同 Office 2010 系列其他软件所不同的是，PowerPoint 2010 在打印时，可以选择 4 种不同的打印内容：幻灯片、讲义、备注页和大纲视图。

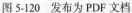

图 5-120　发布为 PDF 文档

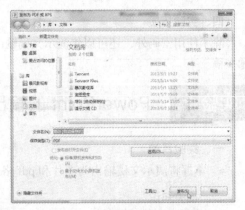

图 5-121　设置发布路径和名称

图 5-122　使用 PDF 文档打开

1. 打印幻灯片

一般情况下，幻灯片是用来在屏幕上演示供观众观看的，不过有时也需要把幻灯片打印出来，打印方法如下。

① 单击"文件"→"打印"命令，显示"打印"对话框。

② 设置打印机，在"页面范围"中设置打印范围，可以是某一张、若干张或全部。

③ "打印内容"选择"幻灯片"。

④ 单击"确定"按钮完成打印。

提示

通过工具栏中的"打印"按钮也可以打印幻灯片，但是打印范围是全部幻灯片，并且不会显示对话框，单击后直接打印。

2. 打印讲义

同打印幻灯片相比，更多的时候幻灯片被打印成讲义的形式，对于 A4 或 16 开纸，每页可以放 2、3、4、6 或 9 张幻灯片，如图 5-123 所示。

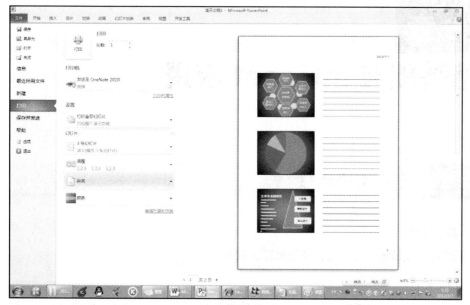

图 5-123　打印设置

打印讲义的具体步骤如下。

① 单击"文件"→"打印"命令，显示"打印"对话框。

② 在"打印"对话框中，设置打印份数、打印的范围、每页纸放几张幻灯片等。

③ 根据需要，可选择"根据纸张调整大小"和"幻灯片加框"选项。

④ 单击"确定"按钮完成打印。

以上介绍了打印幻灯片和打印讲义的方法。另外，PowerPoint 2010 还提供了打印备注页和大纲视图的功能，打印方法基本相同，这里不再赘述。

第 6 章

网络基础与 Internet 应用

实验一　宽带网络连接

一、实验目的

- 掌握创建宽带连接的方法，使用宽带连接网络。

二、相关知识

目前，Internet 的应用越来越普遍，不论是单位上网，还是个人上网，都希望选择一种适合自己、性价比高的接入技术。本节将介绍接入 Internet 的方法。

1. 通过 Modem 拨号接入 Internet

计算机用户通过 Modem 接入公用电话网络，再通过公用电话网络连接到 ISP，通过 ISP 的主机接入 Internet，在建立拨号连接以前，向 ISP 申请拨号连接的使用权，获得使用账号和密码，每次上网前需要通过账号和密码拨号。拨号上网方式又称为拨号 IP 方式，因为采用拨号上网方式，在上网之后会被动态地分配一个合法的 IP 地址。在用户和 ISP 之间要用专门的通信协议 SLIP 或 PPP。通过普通电话线的拨号上网速度慢，一般为 56kbit/s。

2. 通过 ISDN 线路拨号上网

ISDN 是综合业务数字网的缩写，是提供端到端的数字连接网络，除了支持电话业务外，还支持网络中传输传真、数字和图像等业务。ISDN 专线接入又称为一线通，因为它通过一条电话线就可以实现集语音、数据和图像通信于一体的综合业务。ISDN 连接通过网络终端（NT）、用户终端和 ISDN 终端适配器（TA）等一些通过电话网络连接到 ISP。需要强调的是，ISDN 与拨号上网不同的是这里在电话线上传输的是数字信号。

由于 ISDN 使用数字传输技术，因此 ISDN 线路抗干扰能力强，传输质量高，速度快且方便，支持同时打电话和上网，能支持多种不同设备，最高网速可达到 128kbit/s。

3. 宽带 ADSL 上网

DSL 是数字用户线技术，可以利用双绞线高速传输数据。现有的 DSL 技术已有多种，如 HDSL、ADSL、VDSL、SDSL 等。我国电信为用户提供了 HDSL、ADSL 接入技术。ADSL 是非对称式数字用户线路的缩写，它采用先进的数字处理技术，将上传频道、下载频道和语音频道的频段分开，在一条电话线上同时传输 3 种不同频段的数据且能够实现数字信号与模拟信号同时在电话线上传输。它的连接是主机通过 DSL Modem 连接到电话线，再连接到 ISP，通过 ISP 连接到 Internet。

ADSL 提供了下载传输带宽最高可达 8Mbit/s，上传传输带宽为 64kbit/s ~ 1Mbit/s 的宽带网络。与拨号上网或 ISDN 相比，ADSL 减轻了电话交换机的负载，不需要拨号，属于专线上网，不需另缴电话费。

4. 通过 DDN 专线接入 Internet

DDN 是数字数据网络的缩写。它是利用铜缆、光纤、数字微波或卫星等数字传输通道，提供永久或半永久连接电路，以传输数字信号为主的数字传输网络。在连到 Internet 时，是通过 DDN 专线连接到 ISP，再通过 ISP 连接到 Internet。局域网通过 DDN 专线连接 Internet 时，一般需要使用基带调制解调器和路由器。

因为 DDN 传输的数据具有质量高、传输速率高（数据传输信道可以直接传送高达 150Mbit/s 的数据信号）、网络延时小、安全可靠等一系列的优点，所以特别适合于计算机主机之间、局域网之间、计算机主机与远程终端之间的大容量、多媒体、中高速通信的传输，DDN 可以说是我国的中高速信息国道。

目前的专线上网一般都是租用电信公司或者网络公司的 DDN 专线，这些单位都有自己的局域网。局域网的服务器通过路由器和数据终端单元 DTU 接入到 DDN。

5. 通过局域网连接到 Internet

通过局域网连接到 Internet 是指已经建立了一定规模的局域网，并与 Internet 联通，用户的计算机只需要配置一块 10M/100Mbit/s 网卡和一根非屏蔽双绞线并连到局域网，便可接入 Internet。这种连接方式实际上是将局域网中的计算机连接局域网的服务器，再通过服务器上网。而服务器上网可以采用专线方式，也可以采用通过电话线的几种方式。目前，各大公司、高等院校和政府机关都采用了局域网接入 Internet 的方式。

接入 Internet 后还不能访问 Internet 资源，需要进行如下的安装和设置。

- 安装网卡驱动程序。
- 添加和配置 TCP/IP。
- 对 IP 地址、子网掩码、网关及域名服务器进行设置。

其中，设置网关的 IP 地址，也就是说明局域网的工作站要通过哪一台设备接入 Internet。当然，这台设备也许还要经过其他的设备才接入 Internet，但确是局域网中的工作站接入 Internet 的"必由之路"。

6. 通过有线电视网接入 Internet

目前，我国有线电视网遍布全国，且现在能够利用一些特殊的设备把这个网络的信号转化成计算机网络数据信息，这个设备就是电缆调制解调器（Cable Modem）。有线电视网络传输的模拟信号，通过 Cable Modem 把数字信号转化成模拟信号，从而可以与电视信号一起通过有线电视网络传输。在用户端，使用电缆分线器将电视信号和数据信号分开。

采用这种方法，连接速率高、成本低，并且提供非对称的连接，这种方法与使用 ADSL 一样，用户上网不需要拨号，得到了一种永久型连接，还有不受距离的限制。这种方法的不足之处在于有线电视是一种广播服务，同一信号发向所有用户，从而带来了很多网络安全问题。另外，由于采用总线型拓扑结构，多个用户共享给定的带宽，那么数据传输速率就会受到影响。

7. 无线接入

无线接入（Wireless LAN，WLAN），是目前常用的一种接入 Internet 方式。无线接入的方法是采用无线局域网的技术（IEEE802.11 协议、无线的机站、无线的路由器、无线的集线器、无线网卡、无线 Modem 等）及设备，先将路由器的接入端与 ISP 连接，再将路由器的出口与无线 Hub 相连接（AP 无线接入点），带无线网卡的客户端就可以通过无线 Hub（AP 无线接入点）上网了。无线接入的优点是它不受电缆束缚，可移动，能解决因有线网布线困难等带来的问题，并且组网灵活，扩容方便，与多种网络标准兼容，应用广泛等。

三、实验步骤

1. 创建宽带连接

用户在进行连接网络之前，通常需要创建宽带连接。具体操作步骤如下。

① 单击"开始"→"控制面板"，打开"控制面板"窗口，在"网络和 Internet"栏下单击"查看网络状态和任务"，如图 6-1 所示。

② 打开"网络共享和中心"对话框，在"更改网络设置"栏下单击"设置新的连接或网络"选项，如图 6-2 所示。

图 6-1 "控制面板"窗口　　　　　　　　　图 6-2 设置新的连接

③ 打开"设置连接或网络"对话框，在"选择一个连接选项"下选择"连接到 Internet"，单击"下一步"按钮，如图 6-3 所示。

④ 如果已经连接到 Internet 网络，则会出现如图 6-4 所示窗口，如果想创建新的连接，单击"仍要设置新连接"。

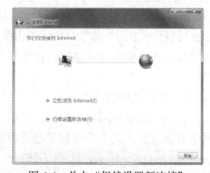

图 6-3 选择选项　　　　　　　　　　　图 6-4 单击"仍然设置新连接"

⑤ 打开"您想如何连接"对话框，单击"宽带（PPoE）（R）"，如图 6-5 所示。

⑥ 打开"键入您的 Internet 服务商（ISP）提供的信息"对话框，在用户名和密码后的文本框中输入对应信息。用户还可以勾选"记住此密码"和"允许其他人使用此连接"单选框，如图 6-6 所示。

图 6-5 单击宽带　　　　　　　　　　　图 6-6 输入信息

⑦ 单击"连接"按钮，打开"正在连接到宽带连接"对话框，等待连接或单击"跳过"按钮，如图 6-7 所示。

⑧ 打开"连接已经可用"对话框，单击"立即连接"或"关闭"按钮，如图 6-8 所示。

图 6-7　等待连接

图 6-8　完成创建

2. 连接到网络

设置好宽带连接后，可以快速连接到网络。具体操作步骤如下。

① 单击任务栏中的网络图标，然后单击刚创建的的连接，如图 6-9 所示。

② 打开"连接宽带连接"对话框，输入用户名和密码，单击"连接"按钮，如图 6-10 所示。

图 6-9　选择连接

图 6-10　输入信息

③ 此时会弹出"正在连接到宽带连接…"提示框，通过后即可联网，如图 6-11 所示。

图 6-11　正在连接

四、实验拓展

Internet 是由成千上万个不同类型、不同规模的计算机网络，通过通信设备和传输介质相互连接而成的、开放的、全球最大的信息资源网络。它由主干网、广域网、局域网等互连的网络组成，如图 6-12 所示。

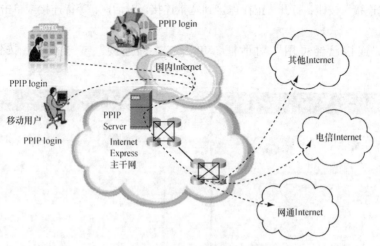

图 6-12　Internet

随着 Internet 的爆炸式发展，在 Internet 上的商业应用和多媒体等服务也得以迅猛推广，宽带网络一直被认为是构成信息社会最基本的基础设施。要享受 Internet 上的各种服务，用户必须以某种方式接入网络。为了实现用户接入 Internet 的数字化、宽带化，提高用户上网速度，光纤到户是用户网今后发展的必然方向。

中国的宽带网民数量增长迅速。据统计，2012 年 1～3 月份，基础电信企业互联网宽带接入用户净增 754.8 万户，达到 15 754.9 万户，同比劲增 18%。2011 年同期，基础电信企业互联网宽带接入用户净增 735.0 万户，达 13 368.7 万户。2007～2011 年，基础电信企业的互联网宽带接入用户每年新增用户数分别为 1561.1 万户、1701 万户、2034.7 万户、2236 万户、3019.5 万户，增长态势平稳。工业和信息化部加大指导力度，在"宽带普及提速工程"动员部署大会上提出，2012年，全国 4Mbit/s 及以上宽带接入产品超过 50%，新增光纤到户覆盖家庭超过 3500 万户，市场调研公司 eMarketer 预计，到 2016 年，中国宽带渗透率将达到 60%。

实验二　网页信息的浏览

一、实验目的

- 掌握 IE 浏览器的操作，使用 IE 浏览网页信息。

二、相关知识

Internet 提供的服务有远程登录服务、WWW 服务、电子邮件服务、文件传输服务、即时通信服务等，其主要的服务如图 6-13 所示。

图 6-13　Internet 提供的服务

1. WWW 服务

WWW（World Wide Web，环球信息网）是一个基于超文本方式的信息查询服务。WWW 是由欧洲粒子物理研究中心（CERN）研制的。WWW 将位于全世界 Internet 上不同网址的相关数据信息有机地链接在一起，通过浏览器软件（Browser）提供一种友好的查询界面，用户仅需要提出查询要求，而不必关心到什么地方去查询及如何查询，这些均由 WWW 自动完成。WWW 为用户带来的是世界范围的超级文本服务，只要操作鼠标，就可以通过 Internet 获取希望得到的文本、图像和声音等信息。另外，WWW 仍可提供传统的 Telnet、FTP、E-Mail 等 Internet 服务。

2. 文件传输服务

文件传输服务（File Transfer Protocol，FTP）解决了远程传输文件的问题，只要两台计算机都加入互联网并且都支持 FTP，它们之间就可以进行文件传送。

FTP 实质上是一种实时的联机服务。用户登录到目的服务器上就可以在服务器目录中寻找所需文件。FTP 几乎可以传送任何类型的文件，如文本文件、二进制文件、图像文件、声音文件等。一般的 FTP 服务器都支持匿名（Anonymous）登录，用户在登录到这些服务器时无须事先注册用户名和口令，只要以 Anonymous 为用户名和自己的 E-mail 地址作为口令就可以访问该匿名 FTP 服务器了。

3. 电子邮件服务

电子邮件（E-mail）是指发送者和指定的接收者利用计算机通信网络发送信息的一种非交互式的通信方式。这些信息包括文本、数据、声音、图像、语言视频等内容。由于 E-mail 采用了先进的网络通信技术，又能传送多种形式的信息，与传统的邮政通信相比，E-mail 具有传输速度快、费用低、效率高、全天候全自动服务等优点。同时，E-mail 的传送不受时间、地点、位置的限制，发送者和接收者可以随时进行信件交换，所以得以迅速普及。近年来，随着电子商务、网上服务（如网上购物等）的不断发展和成熟，E-mail 越来越成为人们主要的通信方式。

4. 即时通信服务

即时通信工具的实时交互、资费低廉等优点开始逐渐受到用户的喜爱，已经成为网络生活中不可或缺的一部分。网民可以通过即时通信进行沟通交流，结识新朋友，娱乐消遣时间，实现异地文字、语音、视频的实时互通交流。同时，人们也认识到即时信息工具能够带来极高的生产力。诸多企事业单位借助它来提高业务协同性及反馈的敏感度和快捷度。作为使用频率最高的网络软件，即时通信已经突破了作为技术工具的极限，被认为是现代交流方式的新象征。常用即时通信聊天软件有腾讯 QQ、MSN、网易 POPO、UC 等。

三、实验步骤

1. 浏览新华网新闻

用户可以通过 IE 浏览器浏览新闻网页，具体操作步骤如下。

① 打开 IE 浏览器，在 IE 地址栏输入网页地址，如输入"http://www.xinhuanet.com"，按回车键即可进入新华网，如图 6-14 所示。

② 打开新华网主页，在窗口右侧，使用鼠标向下拖动滚动条，浏览网页信息，选择新闻信息，如单击"国家的学生资助政策"，如图 6-15 所示。

③ 此时即可打开该链接，浏览新闻信息，如图 6-16 所示。

图 6-14　打开网页

图 6-15　选择链接

图 6-16　浏览新闻

2．在浏览新华网新闻中心的头条新闻

用户可以打开新华网新闻中心，选择新闻进行浏览，具体操作步骤如下。

① 打开 IE 浏览器，在 IE 地址栏输入网页地址，如输入"www.xinhuanet.com"，按回车键即可进入新华网，单击网页中的"新闻"链接，如图 6-17 所示。

图 6-17　打开网页

② 打开新华网新闻中心，如单击"新华头条"链接，如图 6-18 所示。

③ 此时即可打开网页进行浏览，如图 6-19 所示。

图 6-18　选择新闻

图 6-19　浏览正文

④ 单击"确定"按钮即可。

3．在新华网浏览体育新闻

用户可以通过新华网浏览体育新闻，具体操作步骤如下。

① 打开 IE 浏览器，在 IE 地址栏输入网页地址，如输入"www.xinhuanet.com"，按回车键即可进入新华网主页，单击网页中的"体育"链接，如图 6-20 所示。

图 6-20　选择"体育"链接

② 进入新浪 NBA 主页，向下拖动窗口右侧的滑块选择新闻信息，如单击"苏迪曼杯-中国队横扫印尼队晋级八强"链接，如图 6-21 所示。

③ 此时即可打开该链接，浏览具体信息，如图 6-22 所示。

图 6-21 选择链接

图 6-22 浏览新闻

四、实验拓展

Internet Explorer 的使用

Internet Explorer 8 是一款人们常用的 Web 浏览器，与以前的版本相比，它可以帮助用户更方便、快捷地从 WWW 服务器上获取所需的任何信息，同时提供了更好的隐私和安全保护。

Internet Explorer 8 特点如下。

- 更快速。Internet Explorer 8 可以更好地响应新页面和标签，从而能够快速、可靠地打开相应站点内容，即 Web 站点、Web 邮件、喜爱的新闻站点或其他联机服务。

- 更方便。减少了完成许多常见任务的步骤，并可自动获得实时信息更新。

- 隐私。帮助保护用户的隐私和机密信息，防止泄露用户在 Web 上访问过的位置。

- 安全。帮助保护及防止恶意软件入侵用户的 PC，并在遇到仿冒网站时更容易检测到。

1. IE 浏览器窗口操作

在桌面上双击"Internet Explorer 8.0"的图标，屏幕上将出现"Internet Explorer 8.0"的工作窗口，如图 6-23 所示。

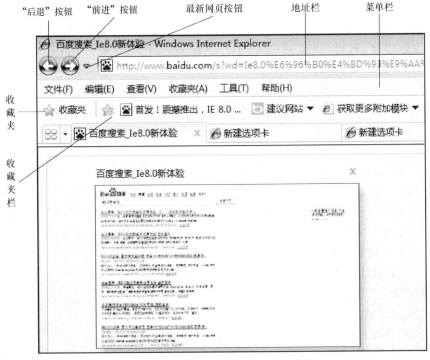

图 6-23 "Internet Exploror 8.0"的工作窗口

（1）常用控制按钮的功能

• "后退"按钮：方便返回到上一个浏览过的 Web 页。

• "前进"按钮：执行过"后退"命令后，该键变为可用，用于"前进"到执行"后退"以前的 Web 页。

• "停止"按钮 ✕：当 Web 页跳转过程中想要停止该进程时，单击此按钮即可。

• "刷新"按钮 ↻：重新连接地址栏里的 Web 站点，下载网站内容。

• "主页"按钮 🏠：由当前 Web 页转到主页，主页可根据需要重新设置。

• "收藏夹栏"按钮：单击"收藏夹栏"按钮即可在收藏夹栏创建当前 Web 页的快捷方式。

• "阅读邮件"按钮：用来收发邮件及查看邮件内容。

• "打印"按钮：用来打印当前 Web 页。

（2）保存 Web 网页中的文本

具体操作步骤如下。

① 用鼠标选定文本，然后利用 Ctrl+C 组合键复制选定的文本到剪贴板中。

② 打开一个新文档或已存在的文档，然后按 Ctrl+V 组合键，将剪贴板中的文本信息粘贴到文档中。

（3）保存 Web 页中的图片

如果只保存 Web 页中的某些图片，用鼠标右键单击图片，在弹出的快捷菜单中选择"图片另存为"命令，然后选择保存图片到磁盘中。也可以选择复制图片，然后将其粘贴到文档中。

（4）保存整个 Web 页

具体操作步骤如下。

① 如果要保存整个 Web 页，包括 Web 页中的文字和图形，则选择"文件"菜单中的"另存为"命令，显示保存 Web 页的对话框。

② 在保存 Web 页的对话框中输入一个文件名，选择保存类型为"Web 页，全部"选项。IE 浏览器除了保存当前的 Web 页文件外，还会将当前 Web 页中的图形单独存放在一个文件夹中，并且修改它们的链接，使得将来在脱机浏览这个 Web 页面时，仍然是一个既有文字，又有图形的完整页面；如果选择"Web 页，仅 HTML"，则将只保存 Web 页文件，不保存图形文件；如果选择"文本文件"，则将 Web 页的 HTML 文件保存为纯文本文件。

③ 单击"确定"按钮即可。

2. 设置主页

具体操作步骤如下。

① 打开 IE 浏览器。

② 单击"工具"→"Internet 选项"命令，打开"Internet 选项"窗口，如图 6-24 所示。

③ 在"若要创建主页选项卡，请在各项地址行键入地址"框中输入主页地址即可。

④ 单击"确定"按钮。

3. 设置安全级别

具体操作步骤如下。

① 打开 IE 浏览器。

② 单击"工具"→"Internet 选项"命令，打开"Internet

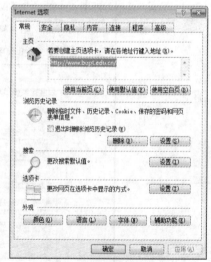

图 6-24   设置主页窗口

选项"窗口，如图 6-24 所示。

③ 单击"安全"选项卡，单击"自定义级别"按钮，设置安全级别。

④ 单击"隐私"选项卡，根据需要进行设置即可。

⑤ 单击"确定"按钮。

4. 删除浏览器中的临时文件

具体操作步骤如下。

① 打开 IE 浏览器。

② 单击"工具"→"Internet 选项"命令，打开"Internet 选项"窗口，如图 6-24 所示。

③ 单击"常规"选项卡，在浏览历史记录项中，选中"退出时删除历史记录"复选框，单击"删除"按钮，打开"删除浏览的历史记录"对话框。

④ 在"删除浏览的历史记录"对话框中，根据需要选择删除项，设置使用的磁盘空间大小等。

⑤ 单击"确定"按钮。

5. 设置代理服务器

在使用网络浏览器浏览网络信息的时候，如果使用代理服务器，浏览器就不是直接到 Web 服务器去取回网页，而是向代理服务器发出请求，由代理服务器取回浏览器所需要的信息。

代理服务器处在客户机和服务器之间，对于远程服务器而言，代理服务器是客户机，它向服务器提出各种服务申请；对于客户机而言，代理服务器则是服务器，它接收客户机提出的申请并提供相应的服务。也就是说，客户机访问 Internet 时所发出的请求不再直接发送到远程服务器，而是被送到了代理服务器上，代理服务器再向远程的服务器提出相应的申请，接收远程服务器提供的数据并保存在自己的硬盘上，然后用这些数据对客户机提供相应的服务。

设置代理服务器的操作步骤如下。

① 打开浏览器。

② 单击"工具"→"Internet 选项"命令，打开"Internet 选项"窗口，如图 6-24 所示。

③ 单击"连接"选项卡→单击"局域网设置"按钮，打开"局域网（LAN）设置"对话框，如图 6-25 所示。

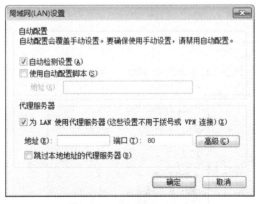

图 6-25　设置代理服务器

④ 在"局域网（LAN）设置"对话框中，在代理服务器项中选中"为 LAN 使用代理服务器"复选框，输入代理服务器的地址。

⑤ 单击"确定"按钮。

6. 如何判断安全网站

随着网络欺诈的不断发生，很多网友都曾被钓鱼网站误导，而新版 IE 8 的"突出显示域名"这项功能，会在用户浏览网页时自动运行，并对地址栏中的域名的 URL 字符串使用粗体文字并作高亮显示，用户可以快速判断出当前网站是否属于安全的网站，如图 6-26 所示。

图 6-26　域名突出显示

7. 收藏夹栏与收藏夹的使用

（1）收藏夹栏的使用

当用户遇到需要收藏的站点时，只要使用鼠标单击一下"收藏夹栏"按钮即可将当前网站地址添加到收藏夹栏中，如图 6-27 所示。也可以打开收藏夹，通过创建文件夹，分类存放有用的站点地址，通过拖曳该网址到指定收藏文件夹中。

图 6-27　收藏夹栏的使用

（2）收藏夹的使用

如何将当前网站的地址收藏到收藏夹中：首先打开要添加的网站，单击浏览器左上方的"收藏夹"按钮；在展开的列表中，单击"添加到收藏夹"按钮即可将当前网站地址添加到收藏夹中，如图 6-28 所示。

提示

在收藏夹中可以创建文件夹，分类存放收藏夹中的网址。例如，可以创建体育新闻、新片上映、新闻网站、好友的博客、电子书等文件夹，便于用户查找。

图 6-28　添加网址到收藏夹

（3）批量整理、清理收藏夹

具体操作步骤如下。

① 单击"开始"→个人文件夹，双击"收藏夹"，打开收藏夹文件夹，如图 6-29 所示。

② 在"收藏夹"窗口中即可统一整理或批量删除无用的网站地址。

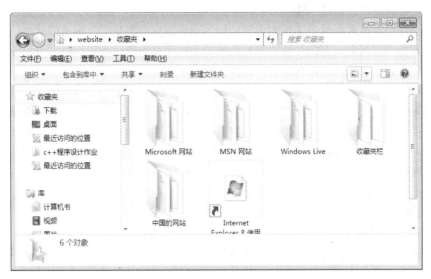

图 6-29　批量整理或删除收藏夹中的内容

8. 自动崩溃恢复功能

众所周知，IE 浏览器会出现异常现象，如在填写一个很大的表时，遭遇意外而关闭了窗口。在 IE 8.0 中，当浏览器由于特殊原因出现异常时，这个"自动崩溃恢复"机制便会发挥作用，自动帮助用户恢复尚未关闭前的网页，使用户的信息得到了保护。

实验三　资料信息的搜索

一、实验目的

- 掌握通过互联网搜索资料信息的方法。

二、相关知识

随着网络的普及，Internet 日益成为信息共享的平台。各种各样的信息充满整个网络，既有很多有用信息，也有很多垃圾信息。如何快速准确地在网上找到真正需要的信息已变得越来越重要。搜索引擎（Search Engine）是一种网上信息检索工具，在浩瀚的网络资源中，它能帮助用户迅速而全面地找到所需要的信息。

1. 搜索引擎的概念和功能

搜索引擎是在 Internet 上对信息资源进行组织的一种主要方式。从广义上讲，是用于对网络信息资源管理和检索的一系列软件，在 Internet 上查找信息的工具或系统。

搜索引擎的主要功能包括以下几方面。

① 信息搜集。各个搜索引擎都拥有蜘蛛（Spider）或机器人（Robots）这样的"页面搜索软件"，在各网页中爬行，访问网络中公开区域的每一个站点，并记录其网址，将它们带回到搜索

引擎，从而创建出一个详尽的网络目录。由于网络文档的不断变化，机器人也不断地把以前已经分类组织的目录进行更新。

② 信息处理。将"网页搜索软件"带回的信息进行分类整理，建立搜索引擎数据库，并定时更新数据库内容。在进行信息分类整理阶段，不同的搜索引擎会在搜索结果的数量和质量上产生明显的差异。有的搜索引擎把"网页搜索软件"发往每一个站点，记录下每一页的所有文本内容，并收入到数据库中，从而形成全文搜索引擎；而另一些搜索引擎只记录网页的地址、篇名、特点的段落和重要的词。因此，有的搜索引擎数据库很大，而有的则较小。当然，最重要的是数据库的内容必须经常更新、重建，以保持与信息世界的同步发展。

③ 信息查询。每个搜索引擎都必须向用户提供一个良好的信息查询界面，一般包括分类目录及关键词两种信息查询途径。分类目录查询是以资源结构为线索，将网上的信息资源按内容进行层次分类，使用户能依线性结构逐层逐类检索信息。关键词查询是利用建立的网络资源索引数据库向网上用户提供查询"引擎"。用户只要把想要查找的关键词或短语输入查询框中，并单击"搜索"按钮，搜索引擎就会根据输入的提问，在索引数据库中查找相应的词语，并进行必要的逻辑运算，最后给出查询的命中结果（均为超文本链接形式）。用户只要通过搜索引擎提供的链接，就可以立刻访问到相关信息。

2. 搜索引擎的类型

搜索引擎可以根据不同的方式分为多种类型。

（1）根据组织信息的方式分类

① 目录式分类搜索引擎。目录式分类搜索引擎（Directory）将信息系统加以归类，利用传统的信息分类方式来组织信息，用户按类查找信息，最具代表性的是 Yahoo。由于网络目录中的网页是专家人工精选得来，故有较高的查准率，但查全率低，搜索范围较窄，适合那些希望了解某一方面信息但又没有明确目的的用户。

② 全文搜索引擎。全文搜索（Full-text Search）引擎实质是能够对网站的每个网页中的每个单字进行搜索的引擎。最典型的全文搜索引擎是 Altavista、Google 和百度。全文搜索引擎的特点是查全率高，搜索范围较广，提供的信息多而全，但缺乏清晰的层次结构，查询结果中重复链接较多。

③ 分类全文搜索引擎。分类全文搜索引擎是综合全文搜索引擎和目录式分类搜索引擎的特点而设计的，通常是在分类的基础上，再进一步进行全文检索。现在大多数的搜索引擎都属于分类全文搜索引擎。

④ 智能搜索引擎。这种搜索引擎具备符合用户实际需要的知识库。搜索时，引擎根据知识库来理解检索词的意义，并以此产生联想，从而找出相关的网站或网页。同时，它还具有一定的推理能力，能够根据知识库的知识，运用人工智能方法进行推理，这样就大大提高了查全率和查准率。

典型的智能搜索引擎有 FSA Eloise 和 FAQ Finder。FSA Eliose 专门用于搜索美国证券交易委员会的商业数据库。FAQ Finder 则是一个具有回答式界面的智能搜索引擎，它在获知用户问题后，查询 FAQ 文件，然后给出适当的结果。

（2）根据搜索范围分类

① 独立搜索引擎。独立搜索引擎建有自己的数据库，搜索时检索自己的数据库，并根据数据库的内容反馈出相应的查询信息或链接站点。

② 元搜索引擎。元搜索引擎是一种调用其他独立搜索引擎的引擎。搜索时，它用用户的查询词同时查询若干其他搜索引擎，做出相关度排序后，将查询结果显示给用户。它的注意力集中在

改善用户界面，以及用不同的方法过滤从其他搜索引擎接收到的相关文档，包括消除重复信息。典型的元搜索引擎有 Metasearch、0Metacrawler、Digisearch 等。用户利用这种引擎能够获得更多、更全面的网址。

3. 常用的搜索引擎

① 百度。百度是国内最大的商业化全文搜索引擎，占国内 80% 的市场份额。百度的网址是：http://www.baidu.com，其搜索页面如图 6-30 所示。百度功能完备，搜索精度高，除数据库的规模及部分特殊搜索功能外，其他方面可与当前的搜索引擎业界领军人物 Google 相媲美，在中文搜索支持方面甚至超过了 Google，是目前国内技术水平最高的搜索引擎。

图 6-30 百度的搜索页面

百度目前主要提供中文（简/繁体）网页搜索服务。如无限定，默认以关键词精确匹配方式搜索。支持"-"、"."、"|"、"link:"、"《 》"等特殊搜索命令。在搜索结果页面，百度还设置了关联搜索功能，方便访问者查询与输入关键词有关的其他方面的信息。其他搜索功能包括新闻搜索、MP3 搜索、图片搜索、Flash 搜索等。

② Google。Google 提供常规及高级搜索功能。Google 的网址是：http://www.google.cn，其搜索页面如图 6-31 所示。在高级搜索中，用户可限制某一搜索必须包含或排除特定的关键词或短语。该引擎允许用户定制搜索结果页面所含信息条目数量，可从 10～100 条任选。提供网站内部查询和横向相关查询。Google 还提供特别主题搜索，如 Apple Macintosh、BSD Unix、Linux 和大学院校搜索等。

图 6-31 Google 的搜索页面

Google 允许以多种语言进行搜索，在操作界面中提供多达 30 余种语言选择，包括英语、主要欧洲国家语言（含 13 种东欧语言）、日语、中文简繁体、韩语等。还可在多达 40 多个国别专属引擎中进行选择。

以关键词搜索时，返回结果中包含全部及部分关键词；短语搜索时，默认以精确匹配方式进行；不支持单词多形态（Word Stemming）和断词（Word Truncation）查询；字母无大小写之分，全部默认为小写。

搜索结果显示网页标题、链接（URL）及网页字节数，匹配的关键词以粗体显示。其他特色功能包括"网页快照"（Snap Shot），即直接从数据库缓存（Cache）中调出该页面的存档文件，而不实际连接到网页所在的网站（图像等多媒体元素仍需从目标网站下载），方便用户在预览网页内容后决定是否访问该网站，或者在网页被删除或暂时无法链接时，方便用户查看原网页的内容。

③ Yahoo。Yahoo 既有目录检索、关键词检索，也有专题检索，内容丰富。Yahoo 的网址是：http://www.yahoo.cn，其搜索页面如图 6-32 所示。Yahoo 的检索方式中，可以选择在类目、网页、当前文件索引和最新新闻 4 个数据库中进行搜索，还可以使用各种布尔操作符。在高级检索中，可以定义各种智能搜索方式，以提高命中率，如果用户的关键词在 Yahoo 中检索不到结果，它还会自动将查询转交给 Altavista，由它来为用户进一步查询。

图 6-32　Yahoo 的搜索页面

④ 搜狐。搜狐公司于 1998 年推出中国首家大型分类查询搜索引擎，经过数年的发展，每日浏览量超过 800 万，到现在已经发展成为中国影响力较大的分类搜索引擎。累计收录中文网站达 150 多万，每日页面浏览量超过 800 万，每天收到 2000 多个网站登录请求。

搜狐的目录导航式搜索引擎完全是由人工加工而成，相比机器人加工的搜索引擎来讲具有很高的精确性、系统性和科学性。分类专家层层细分类目，组织成庞大的树状类目体系。利用目录导航系统可以很方便地查找到一类相关信息。

搜狐的网址是：http://www.sohu.com，其搜索页面如图 6-33 所示。搜狐的搜索引擎可以查找网站、网页、新闻、网址、软件 5 类信息。搜狐的网站搜索是以网站作为收录对象，具体的方法就是将每个网站首页的 URL 提供给搜索用户，并且将网站的题名和整个网站的内容简单描述一下，但是并不揭示网站中每个网页的信息。网页搜索就是将每个网页作为收录对象，揭示每个网页的信息，信息的揭示比较具体。新闻搜索可以搜索到搜狐新闻的内容。网址搜索是 3721 提供的网络实名查找。搜狐的搜索引擎叫 Sogou，是嵌入在搜狐的首页中的。

图 6-33　搜狐的搜索页面

⑤ Altavista。Altavista 是目前 Internet 上功能强大的一个搜索引擎。Altavista 的网址是：http://www.altavista.com，其搜索页面如图 6-34 所示。它提供目录和关键词查询，关键词检索分为简单检索和高级检索，利用高级检索可以完成极其复杂的查询，它支持常用的布尔运算符、嵌套、近似搜索等。另外，还可以对查找的范围、语种等进行限制，对查询结果可进行多种翻译，还可根据用户的查询结果自动生成一份关键词表，用户可以选择自己想要的关键词，从而提高查询的准确率。

图 6-34　Altavista 的搜索页面

图 6-35　Excite 的搜索页面

⑥ Excite。Excite 是一种能在大型数据库中进行快速概念检索的搜索引擎，支持目录检索和关键词检索。Excite 的网址是：http://www.excite.com，其搜索页面如图 6-35 所示。Excite 在处理关键词时使用了智能概念提取技术，因此，在查询时，不仅能检索出直接包含关键词的网页，也能检索出那些虽然没包含给定关键词，但包含了与这些关键词相关的其他词汇的网页。在检索结果显示上，将给出 3 种结果：专家选择的站点目录、结果网页和新闻报道。在高级检索中，可以有各种检索选择。另外，它还提供了若干专题检索。

⑦ Lycos。Lycos 是搜索引擎中的元老，是最早提供信息搜索服务的网站之一。2000 年被西班牙网络集团 Terra Lycos Network 以 125 亿美元收归旗下。Lycos 的网址是：http://www.lycos.com，其搜索页面如图 6-36 所示。

图 6-36　Lycos 的搜索页面

Lycos 整合了搜索数据库、在线服务和其他 Internet 工具，提供网站评论、图像及包括 MP3 在内的压缩音频文件下载链接等。Lycos 是目前最大的西班牙语门户网络。

Lycos 提供常规及高级搜索。高级搜索提供多种选择定制搜索条件，并允许针对网页标题、地址进行检索。具有多语言搜索功能，共有 25 种语言供选择。

常规搜索时如无特殊限定，则默认以布尔逻辑 and 关系进行查询。高级搜索界面中，可选择 and、or、not 等。另外，还可用 adj、near、far 或 before 来限定词与词之间的关系，支持"+"号和"-"号。

三、实验步骤

1. 使用百度搜索人物信息

用户可以通过互联网，使用百度搜索引擎搜索信息，具体操作如下：

① 打开 IE 浏览器，在地址栏中输入"www.baidu.com"，按回车键打开百度首页，在搜索文本框中输入搜索内容，如输入"贝克汉姆"，单击"百度一下"按钮，如图 6-37 所示。

图 6-37　输入关键词

② 此时网页中即出现搜索结果，根据需要进行选择，如选择"贝克汉姆 百度百科"，如图 6-38 所示。

③ 此时即可打开相信信息，如图 6-39 所示提示。

图 6-38　选择搜索结果　　　　　　　　图 6-39　打开链接

2. 搜索并下载软件

用户可以通过 IE 浏览器搜索软件并进行下载，具体操作步骤如下。

① 打开 IE 浏览器，在地址栏中输入"www.skycn.com"，打开天空下载主页，单击"软件分类"选项，如图 6-40 所示。

图 6-40　单击"软件分类"

② 打开软件分类窗口，选择需要下载的软件，如选择"图像捕捉"，如图 6-41 所示。

③ 在打开的窗口中进行选择，如选择"红蜻蜓抓图精灵"，在对应出单击链接，如图 6-42 所示。

图 6-41　选择软件　　　　　　　　图 6-42　单击链接

④ 在打开的页面链接中单击"下载地址"选项，如图 6-43 所示。

⑤ 选择其中一个地址，单击开始下载，如图 6-44 所示提示。

图 6-43　单击"下载地址"　　　　　　图 6-44　选择下载地址

⑥ 此时会弹出如图 6-45 所示下载窗口，等待下载完成即可。

图 6-45　正在下载

3. 搜索音乐并进行下载

用户可以搜索音乐，还可以将喜欢的音乐下载下来并。具体操作步骤如下。

① 打开 IE 浏览器，在地址栏输入"www.1ting.com"，按回车键打开一听音乐首主页，在搜索文本框中输入相关内容，如输入"费玉清"，单击"搜索"按钮，如图 6-46 所示。

② 此时网页中弹出搜索结果，选择需要下载的音乐，如选择"一剪梅"，单击该链接，如图 6-47 所示。

图 6-46　搜索音乐

图 6-47　选择音乐

③ 在打开的页面中单击"下载"即可，如图 6-48 所示。

图 6-48　下载音乐

4. 搜索图片

用户可以使用搜索引擎搜索图片，具体操作步骤如下。

① 打开 IE 浏览器，在地址栏中输入"www.soso.com"，单击"图片"选项，如图 6-49 所示。

② 打开"SOSO 图片"页面窗口，在文本框中输入搜索内容，如输入"熊猫"，如图 6-50 所示。

图 6-49　单击"图片"选项

图 6-50　输入内容

③ 按回车键即可看到搜索结果，如图 6-51 所示。

图 6-51　搜索结果

5. 街景地图搜索

用户可以根据需要搜索街景地图，具体操作步骤如下。

① 打开 IE 浏览器，在地址栏中输入"www.soso.com"，按回车键即可进入到搜搜主页，单击页面中的"街景地图"，如图 6-52 所示。

② 此时即可打开街景地图，切换到"街景城市"选项下，在左侧窗口中选择城市，右侧窗口会出现图片信息，选择需要查看的景点，如夫子庙，如图 6-53 所示。

图 6-52　选择选项

图 6-53　选择景点

③ 此时页面中即可打开夫子庙的相关信息，如图 6-54 所示。

图 6-54　查看景点

四、实验拓展

搜索引擎的检索技巧

1. 简单查询

在搜索引擎中输入关键词，然后单击"网页"按钮，系统很快会返回查询结果。这是最简单的查询方法，使用方便，但是查询的结果却不准确，可能包含着许多无用的信息。例如，使用"百度"搜索引擎搜索关键字"超级计算机"时，显示结果如图 6-55 所示。

图 6-55　搜索关键字

2. 使用双引号（""）

给要查询的关键词加上双引号（半角），可以实现精确查询。这种方法要求查询结果要精确匹配，不包括演变形式。例如，在搜索引擎的文字框中输入"超级计算机"，它就会返回网页中有"超级计算机"这个关键字的网址，而不会返回其他的网页。

3. 使用加号（+）

在关键词的前面使用加号，也就等于告诉搜索引擎该单词必须出现在搜索结果中的网页上。例如，在搜索引擎中输入"+大型计算机+超级计算机"就表示要查找的内容必须同时包含"大型计算机"和"超级计算机"这两个关键词。

4. 使用减号（-）

在关键词的前面使用减号，也就意味着在查询结果中不能出现该关键词，例如，在搜索引擎中输入"中央电视台-电视台"，它就表示最后的查询结果中一定不包含"电视台"。

5. 使用通配符（*和?）

通配符包括星号（*）和问号（?）主要用在英文搜索引擎中，星号表示匹配的数量不受限制，问好表示匹配的字符数要受到限制。

6. 使用布尔检索

所谓布尔检索，是指通过标准的布尔逻辑关系来表达关键词与关键词之间逻辑关系的一种查询方法。这种查询方法允许输入多个关键词，各个关键词之间的关系可以用逻辑关系词来表示。

逻辑"与"用 and 进行连接，表示它所连接的两个词必须同时出现在查询结果中。例如，输入"大型计算机 and 超级计算机"，它要求查询结果中必须同时包含大型计算机和超级计算机。

逻辑"或"用 or 进行连接，它表示所连接的两个关键词中任意一个出现在查询结果中就可以。例如，输入"大型计算机 or 超级计算机"，就要求查询结果中可以只有大型计算机，或只有超级计算机，或同时包含大型计算机和超级计算机。

逻辑"非"用 not 进行连接，它表示所连接的两个关键词中应从第一个关键词概念中排除第二个关键词。例如，输入"automobile not car"，就要求查询的结果中包含 automobile（汽车），但同时不能包含 car（小汽车）。

7. 使用括号

当两个关键词用另外一种操作符连在一起，而又想把它们列为一组时，就可以对这两个词加上圆括号。

8. 使用高级语法查询

- 把搜索范围限定在网页标题中，使用 intitle:标题。
- 把搜索范围限定在特定站点中，使用 site:站名域名。
- 把搜索范围限定在 url 链接中，使用 inurl:链接。
- 精确匹配时，使用双引号" "和书名号<<　>>。
- 要求搜索结果中同时包含或不含特定查询词，使用"+"和"-"。
- 专业文档搜索时，使用 filetype:文档格式。
- 把搜索范围限定在图片范围，使用 image:图片名。
- link:用于检索链接到某个选定网站的页面。
- URL:用于检索地址中带有某个关键词的网页。

实验四　在线电视、电影与视频

一、实验目的

- 掌握利用互联网在线看电视、电影、视频和体育直播。

二、相关知识

一搜视频（www.yisou.com）是杭州阿里科技有限公司旗下的一款专业做视频垂直聚合搜索服务的产品。一搜视频最初是从 2011 年 5 月 21 日推出，目标做用户最喜爱的视频搜索产品，目前一搜视频已经逐渐成为用户最习惯的视频查找，视频搜索服务入口。

产品简介：该产品为垂直视频信息结果展示，通过垂直搜索引擎抓取第三方网站数据结果，用最直观的搜索结果页面呈现给用户一部影片的播放、影评、影院上映、图片库、影片详情、影视新闻、讨论贴吧为一体的一站式视频服务。

目标定位：做一款操作界面简洁、搜索快速、影片源大，满足一切想在网上看大片的需求的产品。

用户群体：广大在线观影用户。

产品特点：

① 搜索界面简洁、简单，用户一眼就会用，就能找到他想要的。

② 后台算法精密，帮助用户过滤、筛选、推送正片，用户真正想看的影片信息。

③ 片源量大品质高，聚合了 19 家主流视频网站的片源，确保影片的高质量，影片的多数量，满足用户上网看电影片的需求。用户基本可以任意选择自己满意的播放网站去观看。

三、实验步骤

1. 在线看电视

用户可以在线看电视，具体操作步骤如下。

① 双击打开 IE 浏览器，在地址栏输入"www.yisou.com"，打开一搜网主页，在页面中单击"电视直播"选项，如图 6-56 所示。

图 6-56　单击"电视直播"

② 打开"电视直播"页面，在左侧窗口中选择"卫视"→"东方卫视"选项，等待缓冲完成后即可观看，如图 6-57 所示。

图 6-57　观看直播

2. 在线看电影

用户可以在一搜网快速观看电影，具体操作步骤如下。

① 双击打开 IE 浏览器，在地址栏输入"www.yisou.com"，打开一搜网主页，在页面中单击"电影"选项，如图 6-58 所示。

② 打开"电影"页面窗口，用户可以选择网页提供的电影，也可以寻找自己喜欢的电影，如在搜索文本框中输入"瑞奇"，单击"搜索"按钮，如图 6-59 所示。

图 6-58 单击"电影"选项

图 6-59 输入内容

③ 此时页面中会出现搜索到的电影结果，单击"点击观看"按钮，如图 6-60 所示。

④ 在打开的页面中单击"立即观看"按钮，如图 6-61 所示。

图 6-60 点击观看

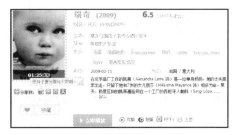

图 6-61 立即播放

⑤ 等待缓冲完成后即可观看电影，如图 6-62 所示。

图 6-62 正在播放

3. 在线视频

用户可以通过互联网在线观看视频，具体操作步骤如下。

① 打开 IE 浏览器，在地址栏输入"www.yisou.com"，打开一搜网主页，在搜索文本框中输入需要观看的视频内容，如输入"刘欢重头再来"，单击"搜索"选项，如图 6-63 所示。

图 6-63　输入内容

② 此时页面中出现搜索到的视频结果，选择需要观看的视频，如图 6-64 所示。

③ 等待缓冲完成后即可观看，如图 6-65 所示。

图 6-64　选择视频

图 6-65　选观看视频

4. 在线体育直播

用户可以通过互联网观看体育直播，具体操作步骤如下。

① 打开 IE 浏览器，在地址栏输入"www.yisou.com"，打开一搜网主页，单击"电视直播"选项，如图 6-66 所示。

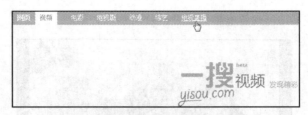

图 6-66　进入主页

② 在打开的页面中单击"体育直播"选项，如图 6-67 所示。

图 6-67　选择体育直播

③ 此时页面中会打开赛事预告，选择正在直播的赛事，单击相应的选项，如图 6-68 所示。

④ 等待缓冲完成后即可观看，如图 6-69 所示。

| 图 6-68 选择赛事 | 图 6-69 观看直播 |

四、实验拓展

网站视频下载方法

当我们在 QQ 空间、土豆网、56 网、优酷网等网站看到很好看的视频，总是想把它下载到自己的手机/MP4/MP5 里欣赏。可是这些视频不能直接下载，必须借助下载工具。下面介绍一个简单的方法，不需要安装任何下载工具就可以把你要看的视频下载到计算机上。

具体操作步骤如下。

① 打开网页如图 6-70 所示，把要下载的视频先缓冲完（看完也可以）。

图 6-70　打开播放视频的网页

② 单击网页菜单栏中的"工具"→"Internet 选项"命令，如图 6-71 所示。

③ 打开"Internet 选项"对话框，在"Internet 临时文件"栏中单击"设置"按钮，如图 6-72 所示。

图 6-71　单击"Internet 选项"命令

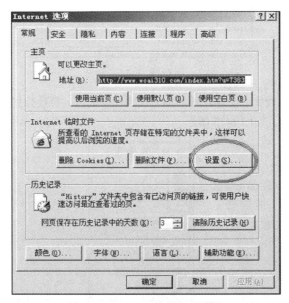

图 6-72　"Internet 选项"对话框

④ 弹出"设置"对话框,单击"查看文件"按钮,如图 6-73 所示。

图 6-73 "设置"对话框

⑤ 在弹出的窗口中单击鼠标右键,选择"排列图片"→"大小"命令,如图 6-74 所示。

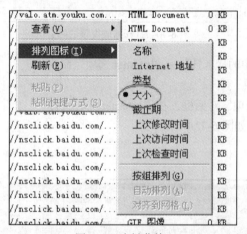

图 6-74 右键菜单

⑥ 由于视频文件比较大,会排在最前面。找到视频文件,直接拉到桌面上即可。视频文件一般是 FLV、MP4 格式的,如图 6-75 所示。

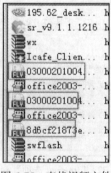

图 6-75 查找视频文件

⑦ FLV 格式的文件有的播放不了，建议将其转换成高清格式（rmvb，mp4）的，手机播放则转换成 3GP 格式的，推荐转换器使用：抓抓影音伴侣。

实验五　在线游戏娱乐

一、实验目的

- 掌握利用互联网玩游戏、听广播、听音乐等娱乐方式。

二、相关知识

常见游戏、广播、音乐网站推荐如下。

（1）游戏网站

hao123 游戏：http://game.hao123.com/

17173：http://www.17173.com/

多玩：http://www.duowan.com/

4399：http://www.4399.com/

7k7k：http://www.7k7k.com/

（2）广播网站

FIFM.CN 广播电台：http://www.fifm.cn/

华语广播电台：http://www.nabianshuo.com/

我爱广播网：www.gbradio.net

（3）音乐网站

百度音乐：http://music.baidu.com/

一听音乐：http://www.1ting.com/

九酷音乐：http://www.9ku.com/

酷狗音乐：http://www.kugou.com/

酷我音乐：http://www.kuwo.cn/

三、实验步骤

1. 在线玩游戏

用户可以通过互联网在线玩游戏，具体操作步骤如下。

① 打开游戏网站，选择喜欢的游戏，如在"最新好玩游戏列表"栏下单击"鸡鸭兄弟"选项，如图 6-76 所示。

图 6-76　选择游戏

② 在打开的页面窗口中单击"开始游戏"按钮，如图 6-77 所示。

图 6-77　单击"开始游戏"

③ 此时进入游戏窗口，选择游戏选项，如选择"单人游戏"，如图 6-78 所示。

④ 此时进入"角色选择"选项，选择在游戏中单人的角色，如图 6-79 所示。

图 6-78　游戏选项

图 6-79　角色设置

⑤ 完成后即可根据操作提示开始玩游戏，如图 6-80 所示。

图 6-80　开始游戏

2. 在线听广播

用户可以根据需要在线听广播，具体操作步骤如下。

① 在搜索地址输入"http://www.fifm.cn/ "，按回车键，进入主页，如图 6-81 所示。

图 6-81　进入主页

② 在页面中选择广播电台，如在左侧窗口中单击"北京"选项，在窗口右侧的列表中进行选择，如选择"北京电台文艺广播"，如图 6-82 所示。

图 6-82　选择电台

③ 双击后即可打开，等待缓冲完成后即可收听，如图 6-83 所示。

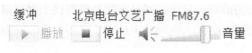

图 6-83　开始收听

3. 在线听音乐

提供在线音乐服务的网站很多，用户可以边工作边听音乐。具体操作步骤如下。

① 在 IE 浏览器地址栏输入"www.1ting.com"，按回车键打开首页，如图 6-84 所示。

图 6-84　进入主页

② 页面中根据歌手和歌曲的类型提供了多种类目，如果需要听某一类目的音乐，可以在此类目中选中需要听的音乐，如选择"网络流行"类别下的"荷塘月色"，如图 6-85 所示。

图 6-85　选择音乐

③ 单击"播放"按钮即可在打开的页面中播放选中的音乐，同时窗口右边会同时显示歌词，如图 6-86 所示。

图 6-86　收听音乐

四、实验拓展

在计算机上玩游戏会让人学习成绩下降

计算机上有很多丰富多彩的游戏，对于一些自制能力弱的孩子就有很大的害处。游戏开发商和网吧营业者为了留住人，为了吸引人，在游戏中设置了许多关口和陷阱，使得游戏者一步步沉迷其中，甚至通宵达旦，废寝忘食。经常上网玩游戏会使人的性格异化。网络游戏大多数以攻击为主，一些砍杀、爆破、枪战等游戏模糊道德认识，淡化游戏虚拟与现实生活中的差异，会让一些人误认为这种通过伤害他人而达到目的的方式是合理。一旦形成了这种错误观念，便会不择手段进行欺诈、偷盗甚至对他人施暴。目前因玩电子游戏而引发的道德失范、行为越轨，甚至违法犯罪的问题逐渐增多。暴力、刺激性的游戏甚至被一些人称为电子海洛因。例如，某校的一位学生就是被网络游戏给毁了。他本来是一个学习努力、成绩出色的学生，有一次看到同学们在玩游戏，自己也去玩了一下，不玩不知道，一玩就被游戏吸引了，每天都去玩，甚至通宵达旦。过了几个月，他的学习成绩在全班倒数第一。

预防网络成瘾有以下几种方法。

第一，文明上网不进入不健康的网站。

第二，不进入营业性的网吧。

第三，一定要有自控能力。

希望广大学生把握好自己的青春年华，获得知识，培养能力，成就明天，从今天开始，告别游戏，健康上网。

实验六　在线预定

一、实验目的

- 掌握通过互联网在线预定火车票、酒店的方法。

二、相关知识

中国铁路客户服务中心网站（http://www.12306.cn/）是铁路服务客户的重要窗口，它集成全路客货运输信息，为社会和铁路客户提供客货运输业务和公共信息查询服务。客户通过登录网站，可以查询旅客列车时刻表、票价、车票余票、售票代售点、货物运价、车辆技术参数以及有关客货运规章。铁路货运大客户可以通过本网站办理业务。

艺龙旅行网（http://www.elong.com/）是中国领先的在线旅行服务提供商之一，致力于为消费者打造专注专业、物超所值、智能便捷的旅行预订平台。通过网站（eLong.com）、24 小时预订热线（4009-333-333）以及手机艺龙网（m.eLong.com）、艺龙 iPhone、Android 和 Windows phone 无线客户端等平台，为消费者提供酒店、机票及旅行团购产品等预订服务。艺龙旅行网通过提供强大的地图搜索、酒店 360 度全景、国内外热点目的地指南和用户真实点评等在线服务，使用户可以在获取广泛信息的基础上做出最佳的旅行决定。截至 2013 年 3 月，艺龙旅行网可提供全球 20.5 万家酒店的预订服务，同时通过与国内外各航空公司合作，向用户提供国内、国际绝大多数航班机票的实时查询和预订服务。艺龙旅行网排名前两位的大股东是 Expedia, Inc.(Nasdaq: EXPE) 和腾讯公司（HKSE：0700）。

三、实验步骤

1. 在线订火车票

用户可以通过互联网在线订阅火车票，具体操作如下。

① 进入"中国铁路客户服务中心"登录界面，输入登录名、密码和验证码后单击"登录"按钮，如图 6-87 所示。

② 完成登录后在页面中单击"车票预订"，如图 6-88 所示。

图 6-87 "登录"窗口

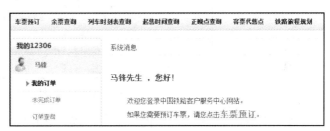

图 6-88 成功登录

③ 在打开的页面中选择出发地、目的地和出发日期，然后单击"查询"按钮，如图 6-89 所示。

图 6-89 设置查询

④ 在打开的页面中选择火车班次，在对应处单击"预订"按钮，如图 6-90 所示。

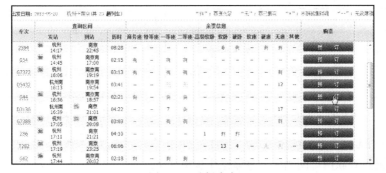

图 6-90 选择班次

⑤ 在打开的页面中填写个人信息并输入验证码，然后单击"提交订单"按钮，如图 6-91 所示。

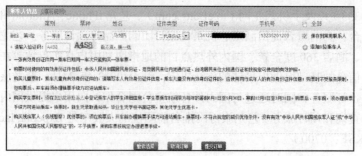

图 6-91　提交订单

⑥ 在弹出的"提交订单确认"页面窗口中确认订单信息，单击"确定"按钮，如图 6-92 所示。

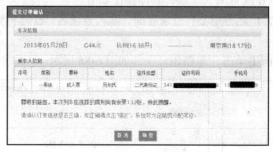

图 6-92　确认信息

⑦ 然后在打开的页面中单击"网上支付"按钮，如图 6-93 所示。

图 6-93　网上支付

⑧ 在打开的页面中选择用户拥有的网上银行，如图 6-94 所示。

⑨ 进入支付操作页面，根据提示完成支付即可，如图 6-95 所示。

图 6-94　选择网银

图 6-95　进入支付窗口

2. 在线订酒店

用户可以通过互联网订阅酒店，具体操作步骤如下。

① 在 IE 地址栏中输入"www.elong.com"，按回车键进入艺龙网主页，在左侧窗口中选择入住城市、入住日期、退房日期、位置和酒店名称，单击"搜索"按钮，如图 6-96 所示。

② 在打开的页面中选择酒店，单击"查看"按钮进一步查看酒店信息，如图 6-97 所示。

图 6-96　设置搜索选项

图 6-97　查看信息

③ 选择好酒店后单击"预订"按钮，如图 6-98 所示。

④ 在打开的"填写订单信息"页面窗口中进行填写，完成后单击"完成预订"按钮，如图 6-99 所示。

图 6-98　选择

图 6-99　填写信息

⑤ 此时页面中会弹出"提交成功"提示，如图 6-100 所示。

图 6-100　完成

四、实验拓展

在线预订，即网上预订，方便快捷。如今，互联网发展迅速，网上消费成为大众生活中必不可少的，包含人们的衣食住行。随着互联网时代的到来，网络给人们的生活和工作提供了极大的方便，出差外地或者旅游需要到一个新的陌生城市，可以通过互联网查找当地的一些酒店住宿信息、饭店吃饭信息，在网上预订酒店、饭店给人们提供了极大的便捷。在线预订，包括酒店和饭店以及景点门票。艺龙网上的酒店预订，舌尖巴巴网上的饭店预订，同程网上的景点门票预订是目前比较成熟的网站，可方便、快捷、高效地帮助人们解决许多问题。

实验七 电子邮件的应用

一、实验目的

- 掌握电子邮件的基本操作。

二、相关知识

电子邮件（E-mail）是 Internet 应用最广的服务，通过网络的电子邮件系统，用户可以用非常低的价格（不管发送到哪里，都只需负担网费即可），以非常快的方式（几秒钟之内可以发送到世界上任何指定的目的地），与世界上任何一个角落的网络用户联系。这些电子邮件可以是文字、图像、声音等各种文件。同时，可以得到大量免费的新闻、专题邮件，并实现轻松的信息搜索。正是由于电子邮件的使用简易、投递迅速、收费低廉、易于保存、全球畅通无阻，使得电子邮件被广泛应用，它使人们的交流方式得到了极大的改变。

近年来随着 Internet 的普及和发展，万维网上出现了很多基于 Web 页面的免费电子邮件服务，用户可以使用 Web 浏览器访问和注册自己的电子邮箱。如果经常需要收发一些大的附件，Gmail、Yahoo mail、Hotmail、MSN mail、网易 163 mail、126 mail、Yeah mail 等都能够满足要求。

用户使用 Web 电子邮件服务时几乎无须设置任何参数，直接通过浏览器收发电子邮件，阅读与管理服务器上个人电子信箱中的电子邮件（一般不在用户计算机上保存电子邮件），大部分电子邮件服务器还提供了自动回复功能。电子邮件具有使用简单方便、安全可靠、便于维护等优点，缺点是用户在编写、收发、管理电子邮件时都需要联网，不利于采用计时付费上网的用户。由于现在电子邮件服务被广泛应用，用户都会使用，所以具体操作过程不再赘述。

1. 申请免费邮箱

启动 Internet Explorer，进入任何一家提供电子邮件服务的网站，进入电子邮箱的申请界面。一般网站的邮箱分为免费和收费两种，收费邮箱空间较大，提供的服务质量也较高，用户可根据自己的需要决定申请免费或收费邮箱。

具体操作步骤如下。

① 打开网站窗口，如打开搜狐网站窗口。

② 单击"邮箱"，显示注册界面，输入用户名和密码，单击"立即注册"按钮，如图 6-101 所示。

图 6-101　申请免费邮箱

③ 进入个人资料和注册信息填写界面，根据提示输入相应信息。

④ 单击"同意以下协议同意注册"按钮。

⑤ 输入您的手机号码，即可完成免费邮箱的申请。各网站采取的注册方法稍有不同，但只要按照向导的提示操作，都能顺利完成申请。

> **提示**
>
> 若用户申请的是收费邮箱，需要支付费用，可以用手机支付，也可以用网上银行支付。

2. 使用免费邮箱

各网站提供的邮箱，在操作界面上不尽相同，但基本的功能和操作是一样的，下面就以搜狐邮箱为例介绍收发电子邮件的方法。

常见免费邮箱容量大小如下。

163 免费邮箱：2GB。

126 免费邮箱：3GB。

TOM 免费邮箱：1.5GB。

搜狐邮箱：5GB。

新浪邮箱：2GB。

雅虎免费邮箱：3.5GB。

Hotmail：2GB。

QQ 邮箱：1GB。

收发电子邮件的具体操作如下。

① 打开免费邮箱的网站，如打开搜狐网站的主页。

② 在窗口的最上面，输入邮箱的用户名和密码，单击"登录"按钮，进入邮箱界面，如图 6-102 所示。

③ 单击"收信"按钮，显示邮箱的信件。单击每一封邮件，可以查看其内容。

④ 单击"写信"按钮，输入收件人地址、主题和信件的正文，单击"发送"按钮即可。

⑤ 单击"关闭"按钮。

> **提示**
>
> 从"收件箱"删除的邮件都会保存在"垃圾箱"里，供用户以后查看，但它会占用邮箱空间，所以对于没有保存价值的邮件，应从"垃圾箱"删除。

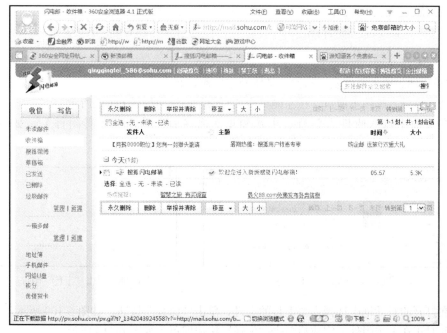

图 6-102　搜狐邮箱窗口

三、实验步骤

1. 发送电子邮件

用户可以通过互联网发送电子邮件，具体操作步骤如下。

① 进入新浪邮箱登录窗口，输入用户名和密码，单击"登录"按钮，如图 6-103 所示。

② 进入邮箱主窗口，在左侧单击"写信"按钮，如图 6-104 所示。

图 6-103　登录窗口

图 6-104　选择"写信"选项

③ 进入写信窗口，填写收信人和主题后，在正文文本框中输入内容，完成后单击"发送"按钮，如图 6-105 所示。

④ 发送后窗口会出现如图 6-106 所示提示。

图 6-105　填写内容

图 6-106　发送成功

2. 发送附件

用户可以通过电子邮件发送附件，具体操作步骤如下。

① 登录后进入邮箱主窗口，在左侧单击"写信"按钮，如图 6-107 所示。

② 在页面中输入收件人信息、主题和正文内容后，单击"上传附件"，如图 6-108 所示。

图 6-107　单击"写信"选项

图 6-108　单击"上传"附件

③ 在打开的对话框中选择需要上传的文件，单击"保存"按钮，如图 6-109 所示。

④ 此时正在上传附件，完成后单击"发送"按钮即可，如图 6-110 所示。

图 6-109　选择附件　　　　　　　　　　　图 6-110　上传附件

3. 自动回复邮件

用户可以通过设置，当收到邮件时系统自动进行回复。具体操作步骤如下。

① 登录成功后，进入邮箱主窗口，在左侧单击"设置"选项，如图 6-111 所示。

图 6-111　单击"设置"

② 进入"设置"区，在"常规"选项下，定位到"自动回复"栏下，单击"开启"单选钮，在文本框中输入回复内容，完成后单击"保存"按钮即可，如图 6-112 所示。

图 6-112　进行设置

四、实验拓展

使用客户端软件管理邮件

Internet 上的电子邮件系统采用客户机/服务器的工作模式，主要由邮件客户端软件、邮件服务器软件和电子邮件协议 3 部分组成。

1. 邮件客户端软件

邮件客户端软件安装在用户计算机上，它提供了与邮件系统友好的图形界面，使得用户在友好的界面下，撰写、阅读、编辑、管理以及发送和接收邮件等，是用户用来收发和管理电子邮件的软件。常用的客户端软件有微软的 Outlook Express、国产的 Foxmail 等。

使用客户端软件收发邮件的优点如下。

登录时不用先登录网站，安全、速度更快；提供了强大的地址簿功能，可方便调用存储的邮箱地址；收到的和曾经发送过的邮件都保存在自己的计算机中，不用上网就可以对这些邮件进行阅读和管理。

2. 邮件服务器软件

邮件服务器是一台安装了邮件服务器的软件、拥有邮件存储空间的专用计算机，具有管理本机所有用户的邮箱功能，负责接收、转发和处理电子邮件等。邮件服务器主要充当"邮局"的角色，它除了为用户提供电子邮箱外，还承担着信件的投递业务。

3. 电子邮件传送的协议

电子邮件的发送与接收分别遵循简单邮件传输协议（Simple Mail Transfer Protocol，SMTP）和邮局协议（Post Office Protocol，POP3）。简单邮件传输协议是 Internet 中使用的标准邮件协议，它描述了电子邮件的信息格式及其传递处理方法，主要功能是确保电子邮件在网络中可靠、有效地传输。POP3 是一种支持从远程电子邮箱中读取电子邮件的协议，只有在用户输入正确的用户名和口令后才接收电子邮件。

POP3 协议和 IMAP4 协议的区别如下。

IMAP4 协议与 POP3 协议一样也是规定个人计算机如何访问 Internet 上的邮件服务器进行收发邮件的协议，但是 IMAP4 同 POP3 相比更高级。IMAP4 支持客户机在线或者离线访问并阅读服务器上的邮件，还能交互式地操作服务器上的邮件。IMAP4 更人性化的地方是不需要像 POP3 那样把邮件下载到本地，用户可以通过客户端直接对服务器上的邮件进行操作（如在线阅读邮件，在线查看邮件主题、大小、发件地址等信息）。用户还可以在服务器上维护自己的邮件目录（维护是指移动、新建、删除、重命名、共享、抓取文本等操作）。IMAP4 弥补了 POP3 的很多缺陷，由 RFC3501 定义。IMAP4 用于客户机远程访问服务器上电子邮件，它是邮件传输协议新的标准。

4. 电子邮件地址

用户必须使用电子邮件地址来收发邮件。Internet 中使用统一的电子邮件地址格式：用户名@域名。

在使用邮件客户程序的情况下，电子邮件地址中的"域名"通常是 POP3 服务器或 IMAP 服务器的域名，但是也可以是 DNS 系统中所指定的另外的名字。

5. 配置账号信息

配置账号信息的具体操作步骤如下。

① 下载并安装 Foxmail 客户端软件。

② 启动 Foxmail 软件，打开 Foxmail 窗口。

③ 单击"工具"菜单中的"账户管理"命令，打开"账户管理"对话框。

④ 在"账户管理"对话框中，单击"服务器"选项卡，设置接收和发送服务器地址，如图6-113 所示。

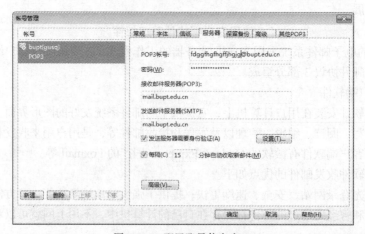

图 6-113　配置账号信息窗口

⑤ 单击"确定"按钮。

6. 创建地址簿和组

几乎所有的邮件客户软件都提供了地址簿功能，可以通过地址簿保存发件人的邮件地址和其他信息。尤其创建地址组非常有用，便于以组为单位转发邮件。

具体操作步骤如下。

① 单击"工具"菜单中的"地址簿"命令，打开"地址簿"对话框。

② 单击"新建联系人"按钮，打开"新建联系人"对话框，输入相关信息。重复此操作可以添加更多人的地址信息。

③ 创建组，单击"新建组"按钮，输入组名，单击"增加"按钮，打开"选择地址"对话框，利用此对话框选择所有需要邮件地址添加到"组"。

④ 单击"确定"按钮。

提示

Foxmail 中的"组"功能只能从地址簿已有的电子邮件地址中生成，需要先将收件人的电子邮件地址输入到地址簿中。

---

7. 使用客户端软件收发电子邮件

在 Foxmail 中收发电子邮件非常简单，发电子邮件的具体操作步骤如下。

① 单击"撰写"按钮即可书写电子邮件内容，在抄送文本框中可以输入多个人的地址，便于邮件的转发。

② 单击"附件"按钮可以添加一个或多个附件。

③ 单击"插入"按钮可以插入插图和表格。

接收信件时：单击"收件箱"按钮即可接收电子邮件，阅读邮件。

收发电子邮件窗口如图 6-114 所示。

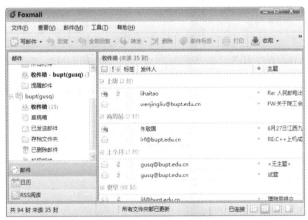

图 6-114　收发电子邮件窗口

实验八　玩转微博

一、实验目的

- 通过微博寻找粉丝、发布微博。

二、相关知识

微博，即微博客（MicroBlog）的简称，是一个基于用户关系信息分享、传播以及获取的平台，用户可以通过 Web、WAP 等各种客户端组建个人社区，以 140 字左右的文字更新信息，并实现即时分享。最早也是最著名的微博是美国的 twitter。2009 年 8 月中国门户网站新浪推出"新浪微博"内测版，成为门户网站中第一家提供微博服务的网站，微博正式进入中文上网主流人群视野。2011 年 10 月，中国微博用户总数达到 2.498 亿，成为世界第一大国。随着微博在网民中的日益火热，与之相关的词汇如"微夫妻"也迅速走红网络，微博效应正在逐渐形成。

三、实验步骤

1. 搜索粉丝进行关注

用户在登录微博后，可以搜索感兴趣的粉丝。具体操作步骤如下。

① 输入微博账户名和密码后成功登录微博，如图 6-115 所示。

图 6-115　进入微博主页

② 在"搜索微博、找人"文本框中输入粉丝的名称，在弹出的选项中进行选择，如图 6-116 所示。

③ 单击即可进入粉丝的微博页面，单击"关注"按钮，如图 6-117 所示。

图 6-116　查找用户

图 6-117　单击"关注"

④ 打开"关注成功"对话框，根据需要对粉丝分组，勾选相应的复选框即可，如图 6-118 所示。

图 6-118　关注粉丝

⑤ 完成后单击"保存"按钮即可。

2. 发布微博

成功登录微博后，用户可以将发生的新鲜事发布到微博。具体操作步骤如下。

① 成功登录微博后，在微博输入框中输入需要发布的内容，单击"发布"按钮即可将微博发布出去，如图 6-119 所示。

② 此时在微博主页中即可看到发布的微博，如图 6-120 所示。

图 6-119　输入内容

图 6-120　发布微博

3. 插入魔法表情

用户可以在微博中发布魔法表情，具体操作步骤如下。

① 在微博输入框下单击"表情"按钮，如图 6-121 所示。

图 6-121　单击"表情"

② 在打开的窗口中单击"魔法表情"选项卡，选择需要插入的表情，如图 6-122 所示。

③ 此时选中的魔法表情自动进入微博输入框只中，单击"发布"按钮，如图 6-123 所示。

图 6-122　选择魔法表情

图 6-123　选择后

④ 此时选中的魔法表情就发布到微博中，如图 6-124 所示。

图 6-124　发布成功

4. 私信约定好友

用户可以通过微博私信约定好友，具体操作步骤如下。

① 成功登录微博后，在首页右侧单击"私信"按钮，如图 6-125 所示。

② 在打开的页面中单击"发私信"按钮，如图 6-126 所示。

图 6-125　单击"私信"按钮

图 6-126　单击"发私信"按钮

③ 在"发私信"窗口选择发送对象，输入发送内容，如图 6-127 所示。

图 6-127　输入私信内容

④ 单击"发送"按钮即可。

四、实验拓展

玩转新浪微博十大技巧

或许你现在已经拥有新浪微博账号，了解新浪微博基本操作功能了，但要想成为受万人瞩目的网络红人，需要掌握以下新浪微博技巧。

1. 使用实名

微博昵称使用实名，人们对于实名微博信任度更高，更愿意关注。

2. 关注他人

在新浪微博上，每次关注别人，别人都会收到消息，现在微博还算是新鲜东西，一般都会顺手加回好友的。有来有往，长久相交之道。

3. 关注热点

这几天互联网界最火的是什么？用 Google 热榜搜索出来之后，添加其相应微博。现在大部分热门事件都是经过策划的，微博是其传播信息必用的手段之一。故加上关注之后，可发表一些有相关的言词，以获得更多的朋友关注自己。

4. 更新频繁

微博有个好处，你说一句话，会出现在 N 个好友的页面里面，百度也给这些页面相当不错的收录频率，巧妙地带上你的网址和产品，自然会有很多朋友来关注你。

5. 发起活动

在微博上发起相关线上线下活动，如有奖征集、秒杀等。

6. 多设话题

微博有个功能是插入话题，插入后可以发起一个讨论版一样的东西，如果话题插得好，会引起大量的讨论。

7. 广加好友

新浪微博可以发邮件给好友，邀请他们开通新浪微博，结合微博推广第一条可以说明，微博，朋友多是王道！

8. 制造精华

健康类、保健类的文字，在微博上被转载引用的概率高，利人利己可以多做。

9. 同步博客

微博只需要博客地址就能同步别人博客的文章，户主社区没有账号审核之类的。

10. 完善资料

加入微博后先完善资料，修改头像，让大家感觉到你的真实，才会有更多的人关注你。

第 7 章

实验一　驱动程序管理

一、实验目的
- 掌握计算机驱动程序的安装。

二、相关知识
驱动精灵 2013 是优秀的驱动程序管理工具之一，使用驱动精灵 2013 可以进行驱动安装、备份和驱动还原等操作，非常方便。

三、实验步骤

1. 一键安装所需驱动

用户可以使用驱动精灵一键安装所需驱动，具体操作步骤如下。

① 双击驱动精灵 2013，打开驱动精灵 2013 主界面，单击"驱动程序"→"驱动微调"选项，在左侧窗口中勾选"显卡"复选框，然后在右侧即可看到驱动信息，勾选"驱动版本"复选框，如图 7-1 所示。

② 单击"一键安装所需驱动"按钮，系统会自动进行更新安装，如图 7-2 所示。

图 7-1　驱动微调

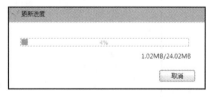

图 7-2　正在更新

2. 设置备份路径

设置备份路径是将需要备份的程序备份到指定的文件夹中，具体操作步骤如下。

① 打开驱动精灵 2013 主界面，单击"驱动程序"→"驱动备份"选项，单击右下角的"路径设置"按钮，如图 7-3 所示。

② 打开"系统设置"对话框，在"驱动备份路径"栏下单击"选择目录"选项，如图 7-4 所示。

图 7-3　驱动备份　　　　　　　　　　　　　图 7-4　设置备份路径

③ 打开"浏览文件夹"对话框，选择备份的位置，如将驱动程序备份在 F 盘符下的"2013驱动备份"文件夹中，如图 7-5 所示。

④ 单击"确定"按钮，回到"系统设置"对话框中，此时可以在"驱动备份路径"栏下的文本框中看到设置的路径，如图 7-6 所示。

图 7-5　选择文件夹备份　　　　　　　　　　图 7-6　备份路径

⑤ 单击"确定"按钮，即可完成驱动路径设置。

3. 驱动备份

用户可以将系统中的程序进行备份，具体操作步骤如下。

① 双击驱动精灵 2013，打开驱动精灵 2013 主界面，单击"驱动程序"→"驱动备份"选项，然后勾选左下角的"全选"复选框，如图 7-7 所示。

② 单击右下角的"开始备份"按钮即可，如图 7-8 所示。

图 7-7　选中备份项　　　　　　　　　　　　图 7-8　正在备份

4. 驱动还原

备份还原可以将备份的驱动程序还原，具体操作步骤如下。

① 打开驱动精灵 2013 主界面，单击"驱动程序"→"驱动还原"选项，然后单击窗口中的"文件"，如图 7-9 所示。

② 打开"打开"窗口，选择备份的文件，单击"打开"按钮，如图 7-10 所示。

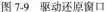
图 7-9　驱动还原窗口

图 7-10　选择文件

③ 返回到"驱动还原"窗口，在左侧窗口中勾选"全选"复选框，单击"开始还原"按钮即可，如图 7-11 所示。

图 7-11　开始还原

5. 检测与修复系统补丁

（1）检测系统问题

通过驱动精灵可以检测计算机系统中的问题，具体操作步骤如下。

① 双击驱动精灵 2013，打开驱动精灵 2013 主界面，单击"立即检测"按钮，如图 7-12 所示。

② 此时即可在窗口中看到检测出的问题，单击"立即解决"按钮即可，如图 7-13 所示。

图 7-12　立即检测

图 7-13　立即解决

（3）修复补丁

通过驱动精灵可以快速修复系统中的问题，具体操作步骤如下。

① 打开驱动精灵 2013 主界面，单击"系统补丁"选项，然后勾选窗口右下角的"全选"复选框，单击"立即检测"按钮，如图 7-14 所示。

② 单击"立即修复"按钮，系统会自动下载补丁进行修复，如图 7-15 所示。

图 7-14 立即修复　　　　　　　　　图 7-15 正在修复

四、实验拓展

驱动程序的英文名为"Device Driver"，全称为"设备驱动程序"，是一种可以使计算机和设备通信的特殊程序，它相当于硬件的接口，操作系统只有通过这个接口，才能控制硬件设备的工作，假如某设备的驱动程序未能正确安装，便不能正常工作。因此，驱动程序被誉为"硬件的灵魂"、"硬件的主宰"、"硬件和系统之间的桥梁"等。

驱动程序可以界定为官方正式版、微软 WHQL 认证版、第三方驱动、发烧友修改版、Beta 测试版。

1. 正式版

官方正式版驱动是指按照芯片厂商的设计研发出来的，经过反复测试、修正，最终通过官方渠道发布出来的正式版驱动程序，又名公版驱动。通常官方正式版的发布方式包括官方网站发布及硬件产品附带光盘这两种方式。稳定性和兼容性好是官方正式版驱动最大的亮点，同时也是区别于发烧友修改版与测试版的显著特征。因此，推荐普通用户使用官方正式版，而喜欢尝鲜、体现个性的玩家则推荐使用发烧友修改版及 Beta 测试版。

2. 认证版

WHQL 是 Windows Hardware Quality Labs 的缩写，中文解释为 Windows 硬件质量实验室，缩写分类为电子电工。它是微软公司对各硬件厂商驱动的一个认证，是为了测试驱动程序与操作系统的相容性及稳定性而制定的。也就是说通过了 WHQL 认证的驱动程序与 Windows 系统基本上不存在兼容性的问题。

3. 第三方

第三方驱动一般是指硬件产品 OEM 厂商发布的基于官方驱动优化而成的驱动程序。第三方驱动拥有稳定性、兼容性好，基于官方正式版驱动优化并比官方正式版拥有更加完善的功能和更加强劲的整体性能的特性。因此，对于品牌机用户来说，笔者推荐用户的首选驱动是第三方驱动，第二选才是官方正式版驱动；对于组装机用户来说，第三方驱动的选择可能相对复杂一点，因此官方正式版驱动仍是首选。

4. 修改版

发烧友修改版的驱动最先就是出现在显卡驱动上的，由于众多发烧友对游戏的狂热，对于显卡性能的期望也是比较高的，这时候厂商所发布的显卡驱动往往都不能满足游戏爱好者的需求，因此，经修改过的以满足游戏爱好者更多的功能性要求的显卡驱动也就应运而生了。如今，发烧友修改版驱动又名改版驱动，是指经修改过的驱动程序，而又不专指经修改过的驱动程序。

5. 测试版

测试版驱动是指处于测试阶段，还没有正式发布的驱动程序。这样的驱动往往具有稳定性不够、与系统的兼容性不够等 bug。尝鲜和风险总是同时存在的，所以对于使用 Beta 测试版驱动的用户要做好出现故障的心理准备。

驱动程序安装的一般顺序是：主板芯片组（Chipset）→显卡（VGA）→声卡（Audio）→网卡（LAN）→无线网卡（Wireless LAN）→红外线（IR）→触控板（Touchpad）→PCMCIA控制器（PCMCIA）→读卡器(Flash Media Reader)→调制解调器（Modem）→其他（如电视卡、CDMA上网适配器等）。不按顺序安装很有可能导致某些软件安装失败。

实验二　文件压缩与加密

一、实验目的

- 掌握 WinRAR 的操作，对文件进行压缩、解压或加密。

二、相关知识

WinRAR 是当前最流行的压缩工具，其压缩文件格式为 RAR，完全兼容 ZIP 压缩文件格式，压缩比例比 ZIP 文件要高出 30%左右，同时可解压 CAB、ARJ、LZH、TAR、GZ、ACE、UUE、BZ2、JAR、ISO 等多种类型的压缩文件。WinRAR 的功能包括强力压缩、分卷、加密、自解压模块、备份等。

WinRAR 高级功能介绍如下。

1. 用 WinRAR 分卷压缩文件

WinRAR 能够将大文件分卷压缩存放在任意指定的盘符中，这项功能给用户带来了极大的便利。例如，要将一个 40MB 的文件发给朋友，可是电子邮件的附件大小不能大于 10MB，这时就可利用 WinRAR 分卷压缩功能将文件分卷压缩为几个小文件。具体操作步骤如下。

图 7-16　分卷压缩

① 右键单击需要分卷压缩的文件或者文件夹，在快捷菜单中选择"添加到压缩文件"命令，弹出如图 7-16 所示的对话框。

② 在"压缩文件名"文本框中确定文件存放的路径和名称，可以把分卷压缩之后的文件存放在硬盘中的任何一个文件夹中；压缩方式建议采用"最好"；"压缩分卷大小"填入需要的大小，比如"10MB"，其他可根据实际需要选择"压缩选项"。

③ 单击"确定"按钮，开始进行分卷压缩，得到分卷压缩包，如图 7-17 所示。

将所有分卷压缩文件复制到一个文件夹中，然后右键单击任何一个*.rar 文件，选择"解压到当前文件夹"命令，即可将文件解压，如图 7-18 所示。

图 7-17 分卷压缩包

图 7-18　文件解压

2. 用 WinRAR 制作自解压压缩文件

将文件压缩为 EXE 格式，在没有安装 WinRAR 的计算机上也可以自行解压。通过 WinRAR 制作自解压文件有如下两种方法。

① 利用向导在图 7-16 所示压缩选项中，选择"创建自解压格式压缩文件"。

② 对于已经制作好的 RAR 格式压缩文件，可先通过 WinRAR 打开，然后选择"工具"菜单中的"压缩文件转换为自解压格式"命令生成自解压压缩包，如图 7-19 所示。

图 7-19 转换压缩文件格式

三、实验步骤

1. 压缩文件

使用 WinRAR 可以快速文件压缩，具体操作步骤如下。

① 双击 WinRAR，打开 WinRAR 主界面，选择需要压缩的文件，如选择"压缩文件-5"文件夹，单击"添加"按钮，如图 7-20 所示。

② 此时会打开"压缩文件名和参数"对话框，在"常规"选项下，单击"确定"按钮，如图 7-21 所示。

图 7-20 选择压缩文件

图 7-21 设置压缩方式

③ 此时即实现文件压缩，如图 7-22 所示。

图 7-22 压缩完成

2. 为文件添加注释

用户可以根据需要为压缩文件添加注释，具体操作步骤如下。

① 在 WinRAR 主界面中，选中需要添加注释的压缩文件，单击"命令"→"添加压缩文件注释"选项，如图 7-23 所示。

② 打开"压缩文件压缩文件-5"对话框，在"压缩文件注释"栏下的文本框中输入注释内容，如图 7-24 所示。

图 7-23 添加压缩文件注释

图 7-24 输入注释内容

③ 单击"确定"按钮即可。

3. 测试解压缩文件

在需要解压文件之前，可以先测试一下收到的文件，以增强安全性。具体操作步骤如下。

① 在 WinRAR 主界面中，选中需要解压的文件，单击"测试"按钮，此时 WinRAR 会对文件夹进行检测，如图 7-25 所示。

② 测试完成后弹出如图 7-26 所示的提示窗口，单击"确定"按钮即可。

图 7-25 选择测试文件

图 7-26 测试完成

4. 新建解压文件位置

对于压缩过的文件，用户可以根据需要将其解压到新建的文件夹中。具体操作步骤如下。

① 在 WinRAR 主界面中，选中需要解压的文件，单击"解压到"按钮，如图 7-27 所示。

② 打开"解压路径和选项"对话框，选择解压位置，单击"新建文件夹"按钮，然后输入文件夹名称，如图 7-28 所示。

图 7-27 选择解压文件

图 7-28 新建文件夹

③ 单击"确定"按钮，即可将文件压缩到指定位置。

5. 解压文件

设置好解压位置后，用户可以对文件进行解压。具体操作步骤如下。

① 在 WinRAR 主界面中，选中需要解压的文件，单击"解压到"按钮，如图 7-29 所示。

② 打开"解压路径和选项"对话框，单击"确定"按钮，系统会自动对文件进行解压，如图 7-30 所示。

图 7-29 选中解压文件

图 7-30 "解压路径和选项"对话框

③ 单击"确定"按钮开始解压,如图 7-31 所示。

④ 解压完成后如图 7-32 所示。

图 7-31 正在解压

图 7-32 完成解压

6. 设置默认密码

在对文件进行压缩或解压缩时,为了增强安全性,可以设置默认密码。具体操作步骤如下。

① 在 WinRAR 主界面中,单击"文件"→"设置默认密码"选项,如图 7-33 所示。

② 打开"输入密码"对话框,在"设置默认密码"栏下输入密码并确认密码,勾选"加密文件名"复选框,如图 7-34 所示。

③ 单击"确定"按钮即可。

图 7-33 菜单命令

图 7-34 输入密码

7. 清除临时文件

用户可以通过设置,在压缩文件时可以清除临时文件。具体操作步骤如下。

① 在 WinRAR 主界面中,单击"选项"→"设置"选项,如图 7-35 所示。

② 打开"设置"对话框,切换到"安全"选项下,在"清除临时文件"栏下勾选"总是"单选钮,如图 7-36 所示。

图 7-35　菜单命令

图 7-36　"设置"对话框

四、实验拓展

让压缩文件变得更小

如果一些文件使用 WinRAR 压缩后还是很大，可以试一试下面介绍的 RAR 文件压缩技巧。

1. 先另存欲压缩的文件

在压缩文件前，把原先的文件用"另存为"命令保存一次。例如，在 Word、Authorware、Director 中，要压缩它们的源文件时，先通过"文件"菜单下的"另存为"命令重新保存一下，这样可以大大减小这些文件的大小。再进行压缩时，文件自然会小了许多。

2. 尽量保存文本文件

如果是发送附件，请尽量把信件内容保存为纯文本文件，并去掉不必要的空行的空格符。

3. 把图片保存为无压缩格式

很多人认为把图片保存为 JPG 格式后可以减少容量。但事实证明，把图片全部转换为 BMP 或 TIF 等无压缩格式，然后再进行压缩，其容量是最小的。

4. 尽量使用 RAR 格式

RAR 格式压缩率要远远大于其他格式的压缩率。因此，一般情况下应尽量把文件压缩成 RAR 格式的文件。

5. 设置高压缩率

在"资源管理器"中右击一文件，选择"WinRAR"→"添加到压缩包"命令后，在打开的"压缩包名称和参数"窗口中可以看到"压缩方式"下有 6 种压缩方法："存储"、"最快"、"较快"、"标准"、"较好"和"最好"。选择"最好"方式，则可以使生成后的 RAR 文件容量最小。

> **提示**
>
> "最快"压缩性能最差，但速度最快；"存储"则将全部文件结合成单一的文件，但是不压缩。如果我们的压缩包是为了散布或是长久性保存，则可以忽略时间因素而使用"最好"的压缩方法来尽可能减少压缩包大小。

6. 生成固实压缩包格式

除了在"压缩包名称和参数"窗口中选择"压缩方式"下的"最好"方式外，还可以选中"压缩选项"下的"创建固定档案文件"复选框，从而生成固实压缩包文件，这样可以进一步获得更高的压缩比，使得压缩文件更小。

小知识：什么是 WinRAR 的固实压缩包格式？

固实压缩包是用一种特殊压缩方式压缩的 RAR 压缩包，它把压缩包中的所有文件当成一个连续数据流来看待。固实压缩只被 RAR 格式的压缩包支持，ZIP 压缩包不支持。使用固实压缩可以明显提高压缩比，特别是在添加大量的小文件时。

实验三　计算机查毒与杀毒

一、实验目的

- 掌握 360 杀毒软件，使用 360 杀毒软件查杀计算机病毒。

二、相关知识

计算机病毒，是指编制或者在计算机程序中插入的破坏计算机功能或者毁坏数据，影响计算机使用，并能自我复制的一组计算机指令或者程序代码。这是目前官方最权威的关于计算机病毒的定义，此定义也被通行的《计算机病毒防治产品评级准则》的国家标准所采纳。

计算机病毒分为以下几类。

（1）按破坏性分

① 良性病毒。

② 恶性病毒。

③ 极恶性病毒。

④ 灾难性病毒。

（2）按传染方式分

① 引导区型病毒。引导区型病毒主要通过软盘在操作系统中传播，感染引导区，蔓延到硬盘，并能感染到硬盘中的"主引导记录"。

② 文件型病毒。文件型病毒是文件感染者，也称为寄生病毒。它运行在计算机存储器中，通常感染扩展名为 COM、EXE、SYS 等类型的文件。

③ 混合型病毒。混合型病毒具有引导区型病毒和文件型病毒两者的特点。

④ 宏病毒。宏病毒是指用 BASIC 语言编写的病毒程序寄存在 Office 文档上的宏代码。宏病毒影响对文档的各种操作。

（3）按连接方式分

① 源码型病毒。它攻击高级语言编写的源程序，在源程序编译之前插入其中，并随源程序一起编译、连接成可执行文件。源码型病毒较为少见，亦难以编写。

② 入侵型病毒。入侵型病毒可用自身代替正常程序中的部分模块或堆栈区。因此，这类病毒只攻击某些特定程序，针对性强。一般情况下也难以被发现，清除起来也较困难。

③ 操作系统型病毒。操作系统型病毒可用其自身部分加入或替代操作系统的部分功能。因其直接感染操作系统，这类病毒的危害性也较大。

④ 外壳型病毒。外壳型病毒通常将自身附在正常程序的开头或结尾，相当于给正常程序加了个外壳。大部分的文件型病毒都属于这一类。

三、实验步骤

1. 快速扫描

使用 360 杀毒快速对电脑进行扫描，具体操作步骤如下。

① 双击 360 杀毒，打开 360 杀毒主界面，单击"快速扫描"按钮，如图 7-37 所示。

② 此时 360 杀毒将对计算机进行快速扫描，完成后窗口会显示扫描结果，如图 7-38 所示。

图 7-37　快速扫描

图 7-38　扫描结果

2．处理扫描结果

快速扫描完成后，可以立即处理扫描发现的安全威胁。具体操作步骤如下。

① 在扫描完成的窗口中，勾选窗口左下角的"全选"复选框，单击"立即处理"按钮，如图 7-39 所示。

② 此时窗口中会弹出处理结果，单击"确认"按钮，如图 7-40 所示。

图 7-39　立即处理

图 7-40　处理后

③ 此时窗口中会出现如图 7-41 所示的提示。

图 7-41　提示窗口

3．自定义扫描

用户可以根据需要选择特定的盘符进行扫描，具体操作步骤如下。

① 双击 360 杀毒，打开 360 杀毒主界面，单击"自定义扫描"按钮，如图 7-42 所示。

② 打开"选择扫描目录"对话框，在"请勾选上您要扫描的目录或文件"栏下进行选择，如勾选"本地磁盘 E"复选框，单击"扫描"按钮，如图 7-43 所示。

图 7-42　立即处理　　　　　　　　　　　　　　　　图 7-43　处理后

③ 此时 360 杀毒开始对 E 盘进行扫描，如图 7-44 所示。

图 7-44　立即处理

4. 宏病毒查杀

用户可以根据需要使用宏病毒查杀，具体操作步骤如下。

① 双击 360 杀毒，打开 360 杀毒主界面，在窗口下侧单击"宏病毒查杀"按钮，如图 7-45 所示。

② 此时会弹出如图 7-46 所示的提示对话框。

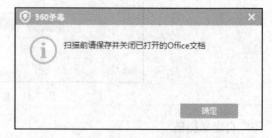

图 7-45　宏病毒查杀　　　　　　　　　　　　　　　图 7-46　提示对话框

③ 单击"确定"按钮开始扫描宏病毒，完成后扫描结果显示在窗口中，单击"立即处理"按钮，如图 7-47 所示。

④ 处理后窗口中显示处理结果，如图 7-48 所示。

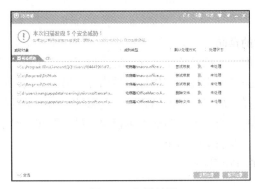

图 7-47 扫描结果

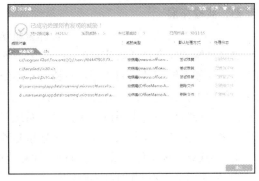

图 7-48 处理扫描后

5. 杀毒设置

（1）定是查杀病毒

用户可以对 360 杀毒进行设置，让软件定时杀毒。具体操作步骤如下。

① 打开 360 杀毒主界面，在窗口中单击"设置"按钮，如图 7-49 所示。

② 打开"360 杀毒-设置"窗口，在左侧窗口中单击"常规选项"选项，然后在右侧窗口中的"定时杀毒"栏下勾选"启用定时杀毒"复选框，然后单击"每周"单选钮，设置定时杀毒时间，如图 7-50 所示。

图 7-49 打开设置

图 7-50 "360 杀毒-设置"对话框

③ 单击"确定"按钮完成设置。

（2）自动处理发现的病毒

用户可以对 360 杀毒进行设置，让软件定时杀毒。具体操作步骤如下。

① 打开 360 杀毒主界面，在窗口右上角单击"设置"按钮，如图 7-51 所示。

② 打开"360 杀毒-设置"窗口，在左侧窗口中单击"病毒扫描设置"选项，然后在右侧窗口中的"发现病毒时的处理方式"栏下勾选"由 360 杀毒自动处理"复选框，如图 7-52 所示。

③ 单击"确定"按钮完成设置。

图 7-51 打开设置

图 7-52 "设置"对话框

四、实验拓展

计算机病的的预防

提高系统的安全性是防病毒的一个重要方面，但完美的系统是不存在的，过于强调提高系统的安全性将使系统多数时间用于病毒检查，系统失去了可用性、实用性和易用性，另一方面，信息保密的要求让人们在泄密和抓住病毒之间无法选择。加强内部网络管理人员以及使用人员的安全意识很多计算机系统常用口令来控制对系统资源的访问，这是防病毒进程中，最容易和最经济的方法之一。另外，安装杀软并定期更新也是预防病毒的重中之重。

① 注意对系统文件、重要可执行文件和数据进行写保护。

② 不使用来历不明的程序或数据。

③ 尽量不用软盘进行系统引导。

④ 不轻易打开来历不明的电子邮件。

⑤ 使用新的计算机系统或软件时，要先杀毒后使用。

⑥ 备份系统和参数，建立系统的应急计划等。

⑦ 专机专用。

⑧ 利用写保护。

⑨ 安装杀毒软件。

⑩ 分类管理数据。

实验四　屏幕窗口的捕捉

一、实验目的

- 掌握 HyperSnap 7 的操作，学会捕捉整个、捕捉活动窗口和自由抓取图形等。

二、相关知识

HyperSnap 7 是 Windows 下专业的图像捕捉软件，它可以轻松、快速地捕捉桌面上的所有图像（甚至包括难以捕捉的 DirectX、Direct3D 游戏屏幕、网页图像），支持 BMP、GIF、TIFF 等 20 多种图片文件格式，并可以用热键或者自动计时器从屏幕上抓图。

从网站下载 HyperSnap 7，安装后打开 HyperSnap 7 的运行窗口，如图 7-53 所示。

图 7-53　HyperSnap 7 运行窗口

HyperSnap 7 运行窗口由菜单栏、工具栏、工具箱和图片显示窗格 4 部分组成。其中工具箱主要是对捕捉的图片进行简单的处理，图片显示窗格主要是显示捕捉到的图片。

1. 设置捕捉快捷键和图像分辨率

设置 HyperSnap 7 的捕捉快捷键，包括屏幕捕捉快捷键和文字捕捉快捷键的设置。设置习惯按键作为捕捉快捷键，使捕捉图像工作变得简单、方便。根据要求设置相应的图像分辨率，可以使捕捉的图像显示效果更佳。具体操作步骤如下。

① 在 HyperSnap 7 运行窗口中，单击"捕捉"菜单，执行"屏幕捕捉快捷键"命令，在弹出的"屏幕捕捉快捷键"对话框中根据使用习惯设置相应的热键，并选中"启用快捷键"复选框，如图 7-54 所示。

图 7-54　设置屏幕捕捉快捷键

② 单击"文字捕捉"菜单，执行"文字捕捉快捷键"命令，在弹出的"文字捕捉快捷键"对话框中设置相应的快捷键，并选中"启用快捷键"复选框，如图 7-55 所示。

③ 单击"选项"菜单，执行"默认图像分辨率"命令，在弹出的"图像分辨率"对话框的"水平分辨率"和"垂直分辨率"文本框中，输入数字"200"，并选中"用作未来从屏幕捕捉的图像的默认值"复选框，如图 7-56 所示。

图 7-55　设置文字捕捉快捷键

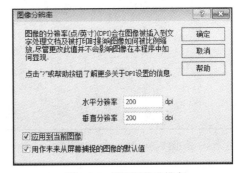

图 7-56　设置图像分辨率

2. 设置图像保存方式及光标指针

在使用 HyperSnap 7 捕捉图像时，有时需要在捕获的图像中显示光标指针，这就要在捕捉图像时对光标指针进行相应的设置。设置图像保存方式，能够使捕获的图像有规律地保存到磁盘中。具体设置方法如下。

① 在 HyperSnap 7 运行窗口中，单击"捕捉"菜单，执行"捕捉设置"命令，在弹出的"捕捉设置"对话框中打开"快速保存"选项卡。然后选中该选项卡中"自动保存每次捕捉的图像到文件"复选框，并单击"更改"按钮，选择图片保存文件夹，填入文件名称，选择要保存的图片类型，单击"保存"按钮，如图 7-57 所示。

② 在"捕捉设置"对话框中，打开"捕捉"选项卡，然后选中该选项卡中的"包括光标图像"复选框，如图 7-58 所示。此时捕捉的图像中将显示光标指针，若要隐藏光标指针，禁用该复选框即可。

图 7-57 设置图像保存方式

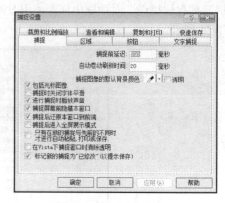

图 7-58 设置光标指针

三、实验步骤

1. 捕捉整个桌面

使用 HyperSnap 7 可以将整个桌面截取下来，具体操作步骤如下。

① 双击 HyperSnap 7，启动 HyperSnap 7，如图 7-59 所示。

② 按下 PrintScreenSysRq 键或者 Ctrl+Shift+A 组合键，即可将整个桌面截取下来，如图 7-60 所示。

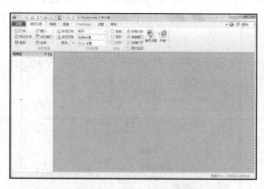

图 7-59 HyperSnap7 窗口

图 7-60 截取整个桌面

2. 捕捉活动窗口

用户可以使用 HyperSnap 7 将活动窗口截取下来，具体操作步骤如下。

① 打开需要截取的活动窗口，双击 HyperSnap 7，启动 HyperSnap 7，如图 7-61 所示。

② 切换到"捕捉设置"选项下，在"捕捉图像"栏下单击"活动窗口"按钮，即可将活动窗口截取下来，如图 7-62 所示。

图 7-61　打开活动窗口

图 7-62　截取结果

3．自由抓取图像

用户可以使用 HyperSnap 7 自由捕捉所需图像区域，具体操作步骤如下。

① 双击 HyperSnap 7，启动 HyperSnap 7，切换到"捕捉设置"选项下，在"捕捉图像"选项组中单击"区域"按钮，如图 7-63 所示。

图 7-63　捕捉设置

② 此时进入捕捉区域，拖动鼠标截取所需区域即可，如图 7-64 所示。

图 7-64　选取区域

4．捕捉设置

（1）自动保存捕捉到的图像

用户可以使用 HyperSnap 7 将捕捉到的图像自动保存，具体操作步骤如下。

① 双击 HyperSnap 7，启动 HyperSnap 7，切换到"捕捉设置"选项下，单击"捕捉设置"按钮，如图 7-65 所示。

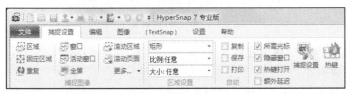

图 7-65　捕捉设置

② 打开"捕捉设置"对话框，单击"快速保存"选项，勾选"自动将每次捕捉的图像保存到文件"复选框，如图 7-66 所示。

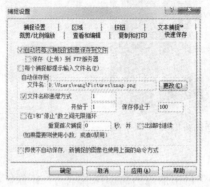

图 7-66　进行设置

③ 单击"确定"按钮完成设置。

（2）设置默认区域形状

用户可以使用 HyperSnap 7 设置默认捕捉的区域形状，具体操作步骤如下。

① 双击 HyperSnap 7，启动 HyperSnap 7，切换到"捕捉设置"选项下，单击"捕捉设置"按钮，如图 7-67 所示。

图 7-67　捕捉设置

② 打开"捕捉设置"对话框，单击"区域"选项，在"设置捕捉模式"栏下勾选"区域捕捉时显示帮助和缩放区域"复选框，然后单击"默认区域形状"后的下拉按钮进行选择，如选择"椭圆"，如图 7-68 所示。

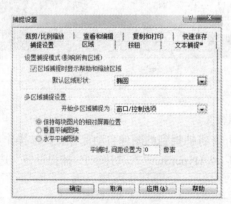

图 7-68　进行设置

③ 单击"确定"按钮完成设置。

（3）捕捉后播放声音

用户可以使用 HyperSnap 7 设置捕捉图像后播放声音，具体操作步骤如下。

① 双击 HyperSnap 7，启动 HyperSnap 7，切换到"捕捉设置"选项下，单击"捕捉设置"按钮，如图 7-69 所示。

图 7-69 捕捉设置

② 打开"捕捉设置"对话框，单击"捕捉设置"选项，然后勾选"捕捉后播放声音"复选框，如图 7-70 所示。

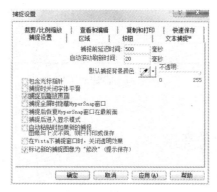

图 7-70　进行设置

③ 单击"确定"按钮完成设置。

四、实验拓展

使用 HyperSnap 7 捕捉媒体播放器中的图像

使用 HyperSnap 7 连续捕捉 RealPlayer 播放器中播放的图像，并保存到指定文件夹中，文件名依次为 snap1，snap2，……，具体操作步骤如下。

① 在 HyperSnap 7 窗口中，单击"捕捉"菜单，执行"捕捉设置"命令，在弹出的"捕捉设置"对话框中，单击"快速保存"选项卡，选中"自动保存每次捕捉的图像到文件"复选框，单击"更改"按钮，选择图片保存文件夹，填入文件名称，选择要保存的图片类型，单击"保存"按钮，如图 7-71 所示。

② 单击"捕捉"菜单，执行"启用视频或游戏捕捉"命令，在弹出的"启用视频和游戏捕捉"对话框中选中"视频捕捉（媒体播放器、DVD 等）"和"游戏捕捉"两个复选框，单击"确定"按钮，如图 7-72 所示。

图 7-71　设置保存文件夹

图 7-72　启用视频捕捉

③ 用 RealPlayer 播放要捕捉的文件。在播放过程中，按下键盘上的 Scroll Lock 键捕捉图像，每按一次该键，就捕捉一幅图片并自动保存到指定文件夹中，如图 7-73 所示。

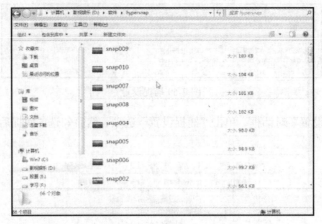

图 7-73　捕捉的图片

实验五　图片浏览管理

一、实验目的

* 掌握 ACDSee 的操作，浏览图片，批量命名图片。

二、相关知识

ACDSee 是非常流行的看图工具之一，它提供了良好的操作界面，简单人性化的操作方式，优质的快速图形解码方式，支持丰富的图形格式，强大的图形文件管理功能等。

ACDSee 可浏览大多数的影像格式，新增了 QuickTime 及 Adobe 格式档案的浏览，可以将图片放大、缩小，调整视窗大小与图片大小配合，全荧幕的影像浏览，并且支持 GIF 动态影像。ACDSee 不但可以将图档转成 BMP、JPG 和 PCX 文档，而且只需按一键便可将图档设成桌面背景；图片可用播放幻灯片的方式浏览，还可以看 GIF 的动画。ACDSee 还提供了方便的电子相本，有十多种排序方式，树状显示资料夹，快速的缩图检视，拖曳功能，播放 WAV 音效档案，档案总管可以整批地变更档案名称，编辑程式的附带描述说明。

ACDSee 本身也提供了许多影像编辑的功能，包括多种影像格式的转换，可以由档案描述来搜寻图档，简单的影像编辑，复制至剪贴簿，旋转或修剪影像，设定桌面，并且可以从数码相机输入影像。另外，ACDSee 有多种影像打印的选择，还可以在网络上分享图片。

三、实验步骤

1. 批量导入图片

用户可以将磁盘中的图片批量导入 ACDSee 中，具体操作步骤如下。

① 双击 ACDSee 14，启动 ACDSee 14，单击"导入"的下拉按钮，在弹出的下拉列表中选择"从磁盘"选项，如图 7-74 所示。

② 打开"浏览文件夹"对话框，选择包含图片的文件夹，如选择"江山如此多娇"文件夹，单击"确定"按钮，如图 7-75 所示。

图 7-74　菜单命令

图 7-75　选择文件夹

③ 此时会弹出如图 7-76 所示提示窗口，单击"导入"按钮。

④ 导入完成后会提示导入完成，在提示窗口中单击"是"按钮，如图 7-77 所示。

图 7-76　开始导入

图 7-77　导入完成提示窗口

⑤ 此时，在 ACDSee14 窗口中显示导入的图片，如图 7-78 所示。

图 7-78　导入后

2. 全屏查看导入图片

图片导入到 ACDsee 后，用户可以选择全屏进行查看图片，具体操作步骤如下。

① 在 ACDSee14 主窗口中选择其中一张图片，在窗口上方单击"查看"按钮，如图 7-79 所示。

② 此时即可全屏查看导入的图片，如图 7-80 所示。

图 7-79　单击"查看"按钮

图 7-80　全屏查看

③ 在键盘上按←键或→键即可翻看图片。

3. 使用模板批量命名图片

图片导入到 ACDsee 后，用户可以使用模板批量为图片重新命名。具体操作步骤如下。

① 在 ACDSee 14 主窗口中选中需要重命名的图片，单击"批量"的下拉按钮，在弹出的下拉列表中选择"重命名"选项，如图 7-81 所示。

② 打开"批量重命名"对话框，在"模板"选项下，勾选"使用模板重命名文件"复选框，然后在文本框中输入内容，如输入文件，单击"开始重命名"按钮，如图 7-82 所示。

图 7-81　菜单命令

图 7-82　模板设置

③ 此时软件自动对选中的图片进行重命名，单击"完成"按钮，如图 7-83 所示。

④ 此时即可在主窗口中看到重命名后的图片，如图 7-84 所示。

图 7-83　正在重命名

图 7-84　重命名

4. 使用搜索和替换批量命名图片

图片导入到 ACDsee 后，用户可以使用搜索和替换批量重命名图片。具体操作步骤如下。

① 在 ACDSee 14 主窗口中选中需要重命名的图片，单击"批量"的下拉按钮，在弹出的下拉列表中选择"重命名"选项，如图 7-85 所示。

② 打开"批量重命名"对话框，在"搜索和替换"选项下，勾选"使用搜索和替换重命名文件"复选框，分别在"搜索"和"替换"后的文本框中输入数值，单击"开始重命名"按钮，如图 7-86 所示。

图 7-85　菜单命令

图 7-86　查找和替换重命名

③ 此时软件自动对选中的图片进行重命名，单击"完成"按钮，如图 7-87 所示。

④ 此时即可在主窗口中看到重命名后的图片，如图 7-88 所示。

图 7-87　正在重命名

图 7-88　重命名后的图片

四、实验拓展

ACDSystemsLtd 公司简介

ACDSystems 是全球图像管理和技术图像软件的先驱公司，提供 ACD 品牌家族的各类产品，产品名称以 ACDSee 和 Canvas 开头。ACD 为图像管理和技术图像提供领先平台，如果需要在打印、演讲、网站制作时对内容进行管理、创建、编辑、共享和发布，ACD 可为客户和专业人员提供所需的所有服务，让一切变得更快，更方便。

ACDSystemsLtd.于 1989 年合并成立，并于 1993 年 4 月 28 日更名，跨入 CD-ROM 软件开发行业。如果 ACD 开发出市场上最快的 JPEG 解码软件，它将在市场中占有技术领先地位。经过深入地研发，ACDSee 迅速崛起，成为图像浏览和管理的主导软件。ACDSee 与 Mosaic 浏览器绑定，可用于 JPEG 解码和浏览。ACDSee 作为共享软件迅速占领全球网络，全球拥有超过 2500 万的用户。ACDSystemsLtd.每月软件的下载量近 100 万。

ACDSystems 在 2003 年并购了 410124CanadaInc（原为 LinmorTechnologiesInc.）和技术图像开发商 DenebaSolutionsInc（Canvas），由此扩大了业务范围。如今，许多 500 强公司依靠 ACDSystems 进行资产管理和处理技术图像。此外，ACDSystems 还在主导行业、技术和贸易发布、公司和摄影协会和共享软件站点获得多项殊荣和行业认证。

ACDSystems 的总部设在加拿大 BritishColumbia 的维多利亚市，拥有约 150 名员工，并在加拿大、美国、中国和瑞士设有分公司。

实验六　中英文翻译

一、实验目的

* 掌握金山词霸的操作，学会使用金山词霸进行中英文翻译。

二、相关知识

金山词霸是一款免费的词典翻译软件，由金山公司 1997 年推出第一个版本，经过 16 年锤炼，如今已经是上亿用户的必备选择。它最大的亮点是内容海量权威，收录了 141 本版权词典，32 万真人语音，17 个场景 2000 组常用对话。用户在阅读英文内容、写作、邮件、口语、单词复习等多个应用都可以使用它。其最新版本还支持离线查词，计算机不联网也可以轻松用词霸。除了 PC 版，金山词霸也支持 Iphone/Ipad/Mac/Android/Symbian/Java 等。

三、实验步骤

1. 将古诗文翻译成英文

使用金山词霸可以将古诗文翻译成英文，具体操作步骤如下。

① 双击金山词霸，进入金山词霸主界面，单击"翻译"选项，如图 7-89 所示。

图 7-89　单击"翻译"选项

② 在文本框中输入需要翻译的古诗文，如输入"洛阳亲友如相问，一片冰心在玉壶"，如图 7-90 所示。

图 7-90　输入翻译内容

③ 单击文本框中的下拉按钮，在弹出的下拉列表中选择"中文→英文"选项，如图 7-91 所示。

④ 单击"翻译"按钮即可将古诗文翻译成中文，如图 7-92 所示。

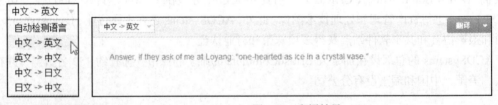

图 7-91　设置翻译语言　　　　　　　　　　　图 7-92　翻译结果

2. 将英文翻译成中文

使用金山词霸可以将英文翻译成中文，具体操作步骤如下。

① 双击金山词霸，进入金山词霸主界面，单击"翻译"选项，如图 7-93 所示。

图 7-93　单击"翻译"选项

② 在文本框中输入需要翻译成中文的英文内容，如图 7-94 所示。

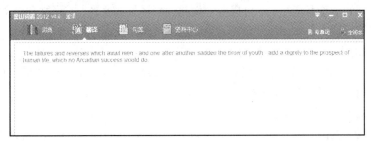

图 7-94　输入内容

③ 单击文本框中的下拉按钮，在弹出的下拉列表中选择"英文→中文"选项，如图 7-95 所示。

④ 单击"翻译"按钮即可将英文翻译成中文，如图 7-96 所示。

图 7-95　设置翻译语言　　　　　　　　　　　　图 7-96　翻译结果

3. 快速查询

用户可以使用金山词霸快速查询，具体操作步骤如下。

① 双击金山词霸，进入金山词霸主界面，在文本框中输入需要查询的内容，如输入"人生如戏"，单击"查一下"按钮，如图 7-97 所示。

图 7-97　输入查找内容

② 此时窗口中会出现查询结果，如图 7-98 所示。

图 7-98　查找结果

四、实验拓展

下面推荐 10 个比较好的翻译网站。

1. 译言网 www.yeeyan.com

这是人气较高的协作翻译平台，可以在上面阅读翻译好的文章，有译文和原文对照便于学习，也可以参与翻译锻炼能力。

2. 知网翻译助手 http://dict.cnki.net

这个网站的专业术语翻译功能非常强大，一般查不到的专业词汇基本上都可以在这里找到答案，可极大提高用户翻译专业文献的能力。

3. Proz 国际翻译平台 www.proz.com

这是访问量巨大的国际性翻译人社区，可以在上面承接国外的翻译工作赚外汇，也可以在上面学习提高翻译能力。

4. 51UC 英语角 www.51uc.com

之所以把这个聊天网站选上来是因为其英语聊天室人气非常高，加入聊天需要下载新浪 UC 聊天软件，类似 QQ，安装后就可以进入英语角聊天室找人进行语音或视频练习口语。

5. 007 翻译培训 www.fanyi007.com

这个网站是由一群精英自由翻译人创办，不同于一般的翻译培训，其目的是培训能独立接到翻译且独立完成翻译的自由翻译人，算是个独一无二的特殊翻译培训网站。

6. 译网情深 www.translators.com.cn

这是翻译界比较有名的翻译人才和资讯网站，可以在上面了解翻译行业和查看翻译招聘信息。

7. 沪江外语 http://www.hjbbs.com/

沪江英语论坛有海量的外语学习资料，可以到这里看看是否有要学习的内容。

8. 54 翻译论坛 www.54fanyi.com

这是一个比较专业的翻译人网络社区，可以在上面交翻译朋友，讨论翻译话题。

9. China Daily http://www.chinadaily.com.cn/

这是中国日报的网络版，网络版阅读非常方便，而且计算机上众多的翻译工具会让用户很方便理解文章。

10. 谷歌翻译 http://www.google.cn/language_tools?hl=zh-CN

这是 Google 搜索引擎上的翻译工具，翻译结果比较接近正确译文，不过也不能取代人工翻译。其特色是对有些专业词汇的翻译也非常精准，可以利用其查询。

实验七 数据恢复

一、实验目的

- 掌握 EasyRecovery 的操作，恢复误删除或误格式化的文件。

二、相关知识

1. 常用数据恢复软件

常用数据恢复软件有效率源 DataCompass、salvtiondata、PC-3000、Final Data、EasyRecovery、easy undelete、PTDD、WinHex、R-Studio、DiskGenius、RAID Reconstructor、AneData 安易硬盘数据恢复软件、D-Recovery 达思数据恢复软件、易我数据恢复向导等。

Easy Recovery 是一个非常著名的老牌数据恢复软件。该软件功能非常强大，无论是误删除、/格式化，还是重新分区后的数据丢失，都可以轻松解决，甚至可以不依靠分区表来按照簇进行硬盘扫描。但要注意，不通过分区表来进行数据扫描，很可能不能完全恢复数据，原因是通常一个大文件被存储在很多不同的区域的簇内，即使找到了这个文件的一些簇上的数据，很可能恢复之后的文件是损坏的。所以这种方法并不是万能的，但它提供给我们一个新的数据恢复方法，适合分区表严重损坏使用其他恢复软件不能恢复的情况下使用。Easy Recovery 最新版本加入了一整套检测功能，包括驱动器测试、分区测试、磁盘空间管理以及制作安全启动盘等。这些功能对于日常维护硬盘数据来说非常实用，我们可以通过驱动器和分区检测来发现文件关联错误以及硬盘上的坏道。

R-Studio 是功能超强的数据恢复、反删除工具，采用全新恢复技术，为使用 FAT12/16/32、NTFS、NTFS5（Windows 2000 系统）和 Ext2FS（Linux 系统）分区的磁盘提供完整数据维护解决方案，同时提供对本地和网络磁盘的支持，此外大量参数设置让高级用户获得最佳恢复效果。具体功能有：采用 Windows 资源管理器操作界面；通过网络恢复远程数据（远程计算机可运行 Win95/98/ME/NT/2000/XP、Linux、UNIX 系统）；支持 FAT12/16/32、NTFS、NTFS5 和 Ext2FS 文件系统；能够重建损毁的 RAID 阵列；为磁盘、分区、目录生成镜像文件；恢复删除分区上的文件、加密文件（NTFS 5）、数据流（NTFS、NTFS 5）；恢复 FDISK 或其他磁盘工具删除过的数据、病毒破坏的数据、MBR 破坏后的数据；识别特定文件名；把数据保存到任何磁盘；浏览、编辑文件或磁盘内容等。

顶尖数据恢复软件能够有效地恢复硬盘、移动硬盘、U 盘、TF 卡、数码相机上的数据，软件采用最新的多线程引擎，扫描速度极快，能扫描出磁盘底层的数据，经过高级的分析算法，能把丢失的目录和文件在内存中重建出来，数据恢复效果极好。同时，本软件不会向硬盘内写入数据，所有操作均在内存中完成，能有效地避免对数据的二次破坏。与国外的软件相比，这款软件完美支持中文目录、文件恢复。这款软件的界面是向导式的，十分友好，适合电脑初学者使用。

安易硬盘数据恢复软件是一款文件恢复功能非常全面的软件，能够恢复经过回收站删除掉的文件、被 Shift+Delete 组合键直接删除的文件和目录、快速格式化/完全格式化的分区、分区表损坏、盘符无法正常打开的 RAW 分区数据、在磁盘管理中删除掉的分区、被重新分区过的硬盘数据、一键 Ghost 对硬盘进行分区、被第三方软件做分区转换时丢失的文件、把整个硬盘误 Ghost 成一个盘等。本恢复软件用只读的模式来扫描文件数据信息，在内存中组建出原来的目录文件名结构，不会破坏源盘内容。支持常见的 NTFS 分区、FAT/FAT32 分区、exFAT 分区的文件恢复，支持普通本地硬盘、USB 移动硬盘恢复、SD 卡恢复、U 盘恢复、数码相机和手机内存卡恢复等。采用向导式的操作界面，很容易就上手，普通用户也能做到专业级的数据恢复效果。

2. 数据恢复的技巧

（1）不必完全扫描

如果用户仅想找到不小心误删除的文件，无论使用哪种数据恢复软件，也不管它是否具有类似 EasyRecovery 快速扫描的方式，其实都没必要对删除文件的硬盘分区进行完全的簇扫描。因为文件被删除时，操作系统仅在目录结构中给该文件标上删除标识，任何数据恢复软件都会在扫描前先读取目录结构信息，并根据其中的删除标志顺利找到刚被删除的文件。所以，用户完全可在数据恢复软件读完分区的目录结构信息后就手动中断簇扫描的过程，软件一样会把被删除文件的信息正确列出，如此可节省大量的扫描时间，快速找到被误删除的文件数据。

（2）尽可能采取 NTFS 格式分区

NTFS 分区的 MFT 以文件形式存储在硬盘上，这也是 EasyRecovery 和 Recover4all 即使使用完全扫描方式对 NTFS 分区扫描也非常快速的原因——实际上它们在读取 NTFS 的 MFT 后并没有真正进行簇扫描，只是根据 MFT 信息列出了分区上的文件信息，从而在 NTFS 分区的扫描速度上超过其他软件。不过对于 NTFS 分区的文件恢复成功率各款软件几乎是一样的，事实证明这种取巧的办法确实有效，也证明了 NTFS 分区系统的文件安全性确实比 FAT 分区要高得多，这也就是 NTFS 分区数据恢复在各项测试成绩中最好的原因，只要能读取到 MFT 信息，就几乎能 100%恢复文件数据。

（3）巧妙设置扫描的簇范围

设置扫描簇的范围是一个有效加快扫描速度的方法，如 EasyRecovery 的高级自定义扫描方式、FinalData 和 File Recovery 的默认扫描方式都可以让用户设置扫描的簇范围以缩短扫描时间。当然要判断目的文件在硬盘上的位置需要一些技巧，这里提供一个简单的方法，使用操作系统自带的硬盘碎片整理程序中的碎片分析程序（千万小心不要进行碎片整理，只是用它的碎片分析功能），在分区分析完后程序会将硬盘的未使用空间用图形方式清楚地表示出来，那么根据图形的比例估计这些未使用空间的大致簇范围，搜索时设置只搜索这些空白的簇范围，对于大的分区，这确实能节省不少扫描时间。

（4）使用文件格式过滤器

以前没用过数据恢复软件的用户在第一次使用时可能会被软件的能力吓一跳，你的目的可能只是要找几个误删的文件，可软件却列出了成百上千个以前删除了的文件，要找到自己真正需要的文件确实十分麻烦。这里就要使用 EasyRecovery 独有的文件格式过滤器功能了，扫描时在过滤器上填好要找文件的扩展名，如"*.doc"，那么软件就只会显示找到的 DOC 文件了。如果只是要查找一个文件，甚至只需要在过滤器上填好文件名和扩展名（如 important.doc），软件会非常快捷地找到这个文件。

3．数据恢复需要的技能

数据恢复是一个技术含量比较高的行业，数据恢复技术人员需要具备汇编语言和软件应用的技能，还需要电子维修和机械维修以及硬盘技术。

（1）软件应用和汇编语言基础

在数据恢复的案例中，软件级的问题占了三分之二以上的比例，如文件丢失、分区表丢失或破坏、数据库破坏等，这些就需要具备对 DOS、Windows、Linux 以及 Mac 的操作系统以及数据结构的熟练掌握，需要对一些数据恢复工具和反汇编工具的熟练应用。

（2）电子电路维修技能

在硬盘的故障中，电路的故障占据了大约 1%的比例，最多的就是电阻烧毁和芯片烧毁，因此作为一个技术人员，必须具备电子电路知识，以及熟练的焊接技术。

（3）机械维修技能

随着硬盘容量的增加，硬盘的结构也越来越复杂，磁头故障和电机故障也变得比较常见，开盘技术已经成为一个数据恢复工程师必须具备的技能。

（4）硬盘固件级维修技术

硬盘固件损坏也是造成数据丢失的一个重要原因，固件维修不当造成数据破坏的风险相对比较高，而固件级维修则需要比较专业的技能和丰富的经验。

三、实验步骤

1．恢复误删除的文件

用户可以使用 EasyRecovery 软件恢复误删除的文件，具体操作步骤如下。

① 双击 EasyRecovery，启动 EasyRecovery 软件，在主窗口中单击"误删除文件"选项，如图 7-99 所示。

② 在打开的窗口中选择需要恢复的文件，如选择恢复 F 盘中的文件，单击"下一步"按钮，如图 7-100 所示。

图 7-99　选择恢复选项

图 7-100　选择磁盘

③ 此时系统开始对 F 盘进行扫描，扫描结束后选择需要恢复的文件，勾选文件夹前面的复选框，单击"下一步"按钮，如图 7-101 所示。

④ 在弹出的窗口中单击"下一步"按钮即可开始恢复，如图 7-102 所示。

图 7-101　勾选恢复文件

图 7-102　单击"下一步"开始恢复

2. 恢复误清空的回收站

用户可以使用 EasyRecovery 软件，将回收站中误清空的文件恢复过来，具体操作步骤如下。

① 双击 EasyRecovery，启动 EasyRecovery 软件，在主窗口中单击"误清空回收站"选项，如图 7-103 所示。

② 此时软件开始对系统进行扫描，查找已经删除的文件，如图 7-104 所示。

图 7-103　选择恢复选项

图 7-104　正在扫描

③ 扫描完成后扫描结果显示在窗口中，勾选需要恢复的文件前面的复选框，单击"下一步"按钮，如图 7-105 所示。

④ 在弹出的窗口中单击"下一步"按钮即可开始恢复，如图 7-106 所示。

图 7-105　选择恢复文件

图 7-106　单击"下一步"开始恢复

3. 恢复误格式化硬盘

用户可以使用 EasyRecovery 软件，对误格式化的硬盘进行恢复，具体操作步骤如下。

① 双击 EasyRecovery，启动 EasyRecovery 软件，在主窗口中单击"误格式化硬盘"选项，如图 7-107 所示。

② 在打开的窗口中选择要恢复的分区，如选择 F 盘，如图 7-108 所示。

图 7-107　选择恢复选项

图 7-108　选择恢复分区

③ 此时开始对 F 盘进行扫描，查找分区格式化前的文件，如图 7-109 所示。

④ 扫描完成后，选择需要恢复的文件，勾选文件夹前的复选框，单击"下一步"按钮，如图 7-110 所示。

图 7-109　正在扫描

图 7-110　选择恢复文件

⑤ 扫描完成后，在弹出的窗口中单击"下一步"按钮即可开始恢复，如图 7-111 所示。

图 7-111　单击"下一步"开始恢复

4. 万能恢复

用户可以使用 EasyRecovery 进行万能恢复操作，具体操作步骤如下。

① 双击 EasyRecovery，启动 EasyRecovery 软件，在 Easy Recovery 主界面中单击"万能恢复"选项，如图 7-112 所示。

图 7-112 选择恢复选项

② 在打开的窗口中，在"请选择要恢复的分区或者物理设备"栏下进行选择，如选择"我的电脑"中的"凌波微步"，如图 7-113 所示。

③ 单击"下一步"按钮开始扫描，如图 7-114 所示。

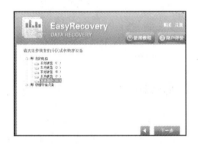

图 7-113 选择恢复的设备

图 7-114 正在扫描

④ 扫描结束后，选择需要恢复的文件，单击"下一步"按钮，如图 7-115 所示。

⑤ 在打开的页面中选择恢复路径，然后单击"下一步"按钮即可，如图 7-116 所示。

图 7-115 选择恢复文件

图 7-116 单击"下一步"开始恢复

四、实验拓展

怎么防止数据丢失

1. 永远不要将你的文件数据保存在操作系统的同一驱动盘上

我们知道大部分文字处理器会将你创建的文件保存在"我的文档"中，然而这恰恰是最不适合保存文件的地方。对于影响操作系统的大部分问题（不管是因为病毒问题还是软件故障问题），通常唯一的解决方法就是重新格式化驱动盘或者重新安装操作系统，如果是这样的话，驱动盘上都所有数据都会丢失。

另外一个成本相对较低的解决方法就是在计算机上安装第二个硬盘，当操作系统被破坏时，第二个硬盘驱动器不会受到任何影响，如果需要购买一台新的计算机时，这个硬盘还可以被安装在新计算机上，而且这种硬盘安装非常简便。

如果对安装第二个驱动盘的方法不很认可，另一个很好的选择就是购买一个外接式硬盘。外接式硬盘操作更加简便，可以在任何时候用于任何计算机，而只需要将它插入 USB 端口或者 firewire 端口。

2. 定期备份你的文件数据，不管它们被存储在什么位置

将你的文件全部保存在操作系统是不够的，应该将文件保存在不同的位置，并且需要创建文件的定期备份，这样就能保障文件的安全性。如果你想要确保能够随时取出文件，那么可以考虑进行二次备份，如果数据非常重要的话，甚至可以考虑在防火层保存重要的文件。

3. 提防用户错误

虽然我们不愿意承认，但是很多时候是因为我们自己的问题而导致数据丢失。可以考虑利用文字处理器中的保障措施，如版本特征功能和跟踪变化。用户数据丢失最常见的情况就是在编辑文件的时候，意外地删除掉某些部分，那么在文件保存后，被删除的部分就丢失了，除非你启用了保存文件变化的功能。

如果你觉得那些功能很麻烦，那么在开始编辑文件之前将文件另存为不同名称的文件，这个办法也能够解决数据丢失的问题。

实验八　数据刻录

一、实验目的

- 掌握 Nero12 的操作，将图像、视频等文件刻录到光盘中。

二、相关知识

Nero12 是目前网络上最好用的刻录软件，它能够帮助用户轻松快速地制作 CD 和 DVD。不论是所要烧录的是资料 CD、音乐 CD、Video CD、Super Video CD、DDCD 或是 DVD，所有的程序都是一样的。Nero12 拥有高速、稳定的烧录核心，再加上友善的操作接口，绝对是烧录机的绝佳搭档。它的功能相当强大且容易操作，适合各种层级的使用者来使用。

三、实验步骤

1. 导入刻录图像

使用 Nero12 可以将图像刻录成光盘，具体操作步骤如下。

① 双击 Nero12，启动 Nero12，在右侧窗口中单击 "Nero Burning ROM" 选项，然后单击 "开始" 按钮，如图 7-117 所示。

② 打开 "新编辑" 对话框，在左侧窗口中选择 "CD-ROM（UDF）" 选项，单击 "新建" 按钮，如图 7-118 所示。

图 7-117　单击开始

图 7-118　单击新建

③ 打开"UDF1-Nero Burning ROM Trial"对话框，在"文件浏览器"栏下选择需要刻录的文件，将其拖动到"光盘内容"窗口，即可完成导入，如图 7-119 所示。

图 7-119　选择导入内容

2. 选择刻录器开始刻录

在完成导入文件后，可以选择刻录器进行刻录。具体操作步骤如下。

① 单击"立即刻录"按钮，打开"选择刻录器"对话框，选择默认的刻录器，单击"确定"按钮，如图 7-120 所示。

图 7-120　选择刻录器

② 此时会打开"保存映像文件"对话框，选择保存位置并输入文件名称，单击"保存"按钮，如图 7-121 所示。

③ 此时系统会自动进行刻录前的检查，如图 7-122 所示。

图 7-121　选择保存位置

图 7-122　刻录检查

④ 刻录完成后弹出如图 7-123 所示提示窗口，单击"确定"按钮即可。

图 7-123　完成提示

3. 刻录音乐

使用 Nero 12 可以将视频刻录到光盘中，具体操作步骤如下。

① 双击 Nero12，启动 Nero12，在右侧窗口中单击"Nero Burning ROM"选项，然后单击"开始"按钮，如图 7-124 所示。

② 打开"新编辑"对话框，在左侧窗口中选择"音乐光盘"选项，单击"新建"按钮，如图 7-125 所示。

图 7-124　单击开始

图 7-125　选择音乐光盘

③ 打开"音乐 1-Nero Burning ROM Trial"对话框，在"文件浏览器"栏下选择需要刻录的文件，将其拖动到"光盘内容"窗口，如将"这片海 MV"拖入到光盘窗口，如图 7-126 所示。

图 7-126　选择刻录选项

④ 单击"立即刻录"按钮，打开"选择刻录器"对话框，选择默认的刻录器，单击"确定"按钮，如图 7-127 所示。

⑤ 此时会打开"保存映像文件"对话框，选择保存位置并输入文件名称，单击"保存"按钮，如图 7-128 所示。

图 7-127　选择刻录器

图 7-128　选择保存位置

⑥ 此时系统会自动进行刻录前的检查，如图 7-129 所示。

⑦ 刻录完成后会弹出如图 7-130 所示提示窗口，单击"确定"按钮即可。

图 7-129　刻录检查

图 7-130　完成提示

4. 刻录音乐

在 Nero 12 中，用户可以使用模板刻录光盘。具体操作步骤如下。

① 双击 Nero12，启动 Nero12，在右侧窗口中单击"Nero Video"选项，然后单击"开始"按钮，如图 7-131 所示。

② 打开"Nero Video Trial"对话框，在"创建和导出"栏下单击"视频光盘"选项，如图 7-132 所示。

图 7-131　单击开始

图 7-132　选择视频光盘

③ 打开"未命名项目"对话框，在窗口右侧单击"导入"按钮，选择导入的文件，此时在"创建和排列项目的标题"栏下可以看到导入的视频文件，然后单击"下一步"按钮，如图 7-133 所示。

④ 进入"编辑菜单"窗口，在右侧单击"模板"选项，然后单击"下一步"按钮，如图 7-134 所示。

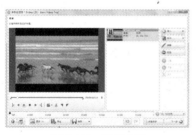

图 7-133　选择文件

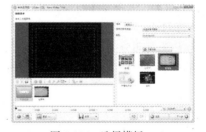

图 7-134　选择模板

⑤ 此时即可在窗口中看到选择的模板，单击"下一步"按钮，如图 7-135 所示。

⑥ 进入"刻录选项"窗口，单击右下角的"刻录"按钮即可，如图 7-136 所示。

图 7-135　选择完成

图 7-136　开始刻录

四、实验拓展

第三方刻录软件介绍

目前网上的 DVD 刻录软件种类很多，但好用的却很少，大家熟知的有 Nero、ONES、Alcohol 120%，其中 Nero 软件太大，几百兆的软件安装下来用到的却只有简单的刻录功能，太费力；ONES 软件太小，刻录功能少；Alcohol 120%能基本满足刻录需求，不过不能刻录 IMG 镜像文件，不能处理音视频文件，整体上只能进行简单的文件刻录，而且都是先压缩成 ISO 文件再刻录到光盘，太烦琐。

下面推荐 3 款刻录软件。

1. Ashampoo® Burning Studio

全能的刻录套装，可以处理数据、音频和视频的刻录及创作任务，使用最新格式创建视频和音频光盘。现在已完全支持高清和全高清视频（720p 和 1080p）的蓝光光盘，Ashampoo Burning Studio 10 已经可以处理所有的编码格式，具有新的自动播放编辑器模块，可创建带交互式菜单的自动播放数据光盘；可以创建带交互式菜单的高清和全高清的蓝光视频光盘，就像 DVD 一样，且内置的视频光盘编辑器也经过了重新设计。

2. ImgBurn

ImgBurn 支持所有主流刻录机和所有主流光存储媒介，可刻录几乎所有的盘片映像，目前支持 BIN/CDI/CDR/DI/DVD/GCM/GI/IBB/IBQ/IMG/ISO/LST/MDS/NRG/PDI/UDI 等。

ImgBurn 支持诸多先进的防刻死和刻坏盘特性，可外挂调用包括 Nero 在内的多款商业刻录软件的光存储引擎。ImgBurn 还擅长根据用户在 IFO 文件中指定的换层点或自动进行智能计算换层点来高品质刻录双层的 DVD 盘片，以及制作 DVD 视频（DVD-Video）映像；ImgBurn 不依赖任何外部库文件，不向系统目录写入任何文件，只对注册表进行一些简单的操作，安装后如果需要制作成随身版，简单提取一下安装目录的文件到你的移动存储器即可随拷随用。

3. InfraRecorder

InfraRecorder 是一款中规中矩的免费 CD/DVD 刻录软件，支持光盘刻录与 ISO 镜像制作，支持 ISO、Bin/CUE 镜像文件刻录，可将音乐 CD 抓轨为 WAV 等音乐文件。光盘对刻录支持飞盘，支持多轨道刻录，可进行封盘，支持双层 DVD，可选择超刻，可刻录 DVD-Video 光盘。软件使用界面为上下两部分的资源管理器形式，简单拖曳即可完成刻录准备，同时它还提供了一个 Express 程序，可让用户以向导方式开始刻盘。

第 8 章
Photoshop CS5 图像处理

实验一　创建选区与裁剪图像

一、实验目的

- 掌握矩形选区、椭圆形选区及不规则选区的创建方法和技巧。
- 掌握选区调整、储存、载入和移动的方法和技巧。
- 掌握裁剪工具的使用，掌握裁剪区域的调整方法和技巧。

二、相关知识

Photoshop CS5 作为 Adobe 的核心产品，自发布以来就备受设计人员的青睐。它完美兼容了 Vista 和 Windows 7，增加了几十个全新的特性，如支持宽屏显示器的新式版面、集 20 多个窗口于一身的 dock、占用面积更小的工具栏、多张照片自动生成全景、灵活的黑白转换、更易调节的选择工具、智能的滤镜、改进的消失点特性、更好的 32 位 HDR 图像支持等。另外，Photoshop 从 CS5 首次开始分为两个版本，分别是常规的标准版和支持 3D 功能的 Extended（扩展）版。标准版适合摄影师以及印刷设计人员使用，Photoshop CS5 扩展版除了包含标准版的功能外还添加了用于创建和编辑 3D 和基于动画的内容的突破性工具。

Photoshop CS5 广泛应用于以下几方面。

- 手绘：利用 Photoshop CS5 中提供的画笔工具、钢笔工具结合手绘板（数位板）来绘制图像，可以十分轻松地在计算机中完成绘画功能，加上软件中的特效会制作出类似实物绘制效果。
- 平面设计：在平面设计领域里 Photoshop 是不可缺少的一个设计软件，它的应用非常广泛，无论是平面设计制作，还是该领域中的招贴、包装、广告、海报等，Photoshop 是设计师不可缺少的软件。
- 网页设计：一个好的网页创意不会离开图片，只要涉及图像，就会用到图像处理软件，Photoshop 理所当然就成为网页设计中的一员。使用 Photoshop 不仅可以将图像进行精确的加工，还可以将图像制作成网页动画上传到网页中。
- 海报：海报宣传在当今社会中随处可见，其中包括影视、产品广告、POP 等，这些都离不开 Photoshop 软件的参与，设计师可以使用 Photoshop 软件随心所欲地创作。
- 后期处理：后期处理主要为制作效果图进行最后的加工，使效果图看起来更加生动，更加符合效果图本身的意境。通过 Photoshop 可以为效果图添加背景，或加入人物等。
- 相片处理：Photoshop 作为专业的图像处理软件，能够完成从输入到输出的一系列工作，包括校色、合成、照片处理、图像修复等，其中使用软件自带的修复工具加上一些简单的操作就可以将照片中的污点清除，通过色彩调整或相应的工具可以改变图像中某个颜色的色调。

"选区"就是使用工具选择的需要进行处理的范围，包含制作矩形和椭圆形选择区域、制作不规则区域、选择区域调整和裁切图像 4 种方法。在 Photoshop CS5 中可以创建选区、储存选区、载入选区和移动选区。

三、实验步骤

1. 创建选区

在编辑图像的时候，可以通过下面的方法创建一个矩形选区。

① 启动 Photoshop CS5，打开需要编辑的图像文件，在工具箱中选择"矩形选框工具" ，如图 8-1 所示。

图 8-1　选择"矩形选框工具"

② 在图像文件上单击鼠标左键并移动鼠标即可创建一个矩形的选框，如图 8-2 所示。

图 8-2　创建矩形选框

2. 裁剪图像

编辑图像时，可将图像的局部裁剪下来。具体操作步骤如下。

① 启动 Photoshop CS5，打开需要编辑的图像文件，在工具箱中选择"裁剪工具" ，如图 8-3 所示。

图 8-3 选择"裁剪工具"

② 在图像文件上单击鼠标左键并移动鼠标即可创建一个矩形的裁剪区域，如图 8-4 所示。

图 8-4 裁剪图像

③ 可以通过周边的锚点来改变裁剪区域，也可以通过工具栏中的"宽度、高度和分辨率"来设定需要的裁剪区域。创建好裁剪区域后，在裁剪区域双击鼠标左键（或按 Enter 键）结束裁剪，如图 8-5 所示。

图 8-5 裁剪后的图像

四、实验拓展

1. 使用套索工具建立选区

- 使用自由套索工具：自由套索工具可以在图像中手动制作出不规则形状区。

- 使用多边形套索工具：多边形套索工具可以手动制作出多边形选择区。

- 使用磁性套索工具：磁性套索可以紧贴图像反差明显的边缘自动制作出复杂选择区，与以上两个套索工具的区别就是选区是沿鼠标经过的区域自动产生的，而且制作出的选区曲线比较平滑。该工具最适于选择与背景反差比较明显的图像区。

除了在使用前设置消除锯齿选项和羽化参数值外，还可设置磁性套索工具的特有选项，其参数设置如下。

- 宽度：用来指定光标所能探测的宽度，取值范围为 1 ~ 40 像素。

- 频率：用来指定套索定位点出现的多少，值越大定位点越多，取值范围为 0 ~ 100，但定位点太多会使选择区不平滑。

- 边对比度：用来指定工具对选区对象边缘的灵敏度。较高的值适用于探测与周围强烈对比的边缘，较低的值适用于探测低对比度的边缘，取值范围为 1% ~ 100%。

> **提示**
>
> 在边缘比较明显的图像上选择时，可将套索宽度值和边对比度值设得大一些；相反，在边缘反差较小的图像上选择时，可将以上两值设得小一些，这样将有利于精确选择。

2. 使用魔棒工具

魔棒工具的特点是能在图像中根据魔棒所单击位置的像素的颜色值，选择出与该颜色近似的颜色区域，该工具最适于选择形状复杂但颜色相近的图像区。在工具选项栏的容差框中可输入 0 ~ 255 的数值，该值代表所要选择的色彩范围。值越小，与所单击的点的颜色越近似的颜色范围将被选择；值越大，与所单击的点的颜色差别较大的颜色范围也会被选择。而取消连续的选项，不仅选择与所单击的点相邻的颜色区，还会将图像中符合条件的不相邻的颜色区选择。

3. 选择区域调整

（1）设置消除锯齿

在选择工具的参数选项栏中，默认地选中消除锯齿选项，可以使选择区的锯齿状边缘得以平滑。

（2）羽化设置

选择框类工具和套索类工具都有羽化参数设置框。羽化值也称为羽化半径，用来控制选择区边缘的柔化程度。当羽化值为 0 时，选择出的图像边缘清晰，羽化值越大，选区边缘越模糊。因此，在制作选择区前，视选择区的大小和需要柔化图像边缘的程度来定义羽化值。

（3）选择制作选区的工作模式

所有选择工具都有工作模式选择按钮，默认模式是新选区模式。

（4）调整选择区的位置

使用移动工具或者调整选择区的位置。

（5）使用选择菜单调整选区

很多情况下，当制作的选区尤其是复杂选区的大小、角度需要整体进一步调整时，使用选择菜单命令可得到更精确的选区。

一、实验目的

- 掌握图像色彩调整的基本方法。
- 掌握替换局部色彩的方法和技巧。

二、相关知识

色彩具有 3 种属性，即色相、亮度和饱和度。HSB 模型以人类对颜色的感觉为基础，描述了颜色的 3 种基本特性。

① 色相是从物体反射或透过物体传播的颜色。在 0°～360° 的标准色轮上，按位置度量色相。在通常的使用中，色相由颜色名称标识，如红色、橙色或绿色。

② 亮度是颜色的相对明暗程度，通常用 0%（黑色）～100%（白色）的百分比来度量。

③ 饱和度（有时称为彩度）是指颜色的强度或纯度。饱和度表示色相中灰色分量所占的比例，它使用 0%（灰色）～100%（完全饱和）的百分比来度量。在标准色轮上，饱和度从中心到边缘递增。

Photoshop CS5 具有强大的色彩调整功能，可以根据需要调整出用户想要的任何色彩。

三、实验内容

1. 将图像调整成黑白色

将一张彩色的图像调整为黑白效果，其操作步骤如下。

① 启动 Photoshop CS5，打开需要编辑的图像文件，在菜单栏中选择"图像"→"调整"→"去色"命令，如图 8-6 所示。

图 8-6　选择菜单命令

② 执行"去色"命令后，即可将彩色图像的颜色去掉，变成黑白色图像，如图 8-7 所示。

图 8-7　去色处理

2. 将图像调整为复古色

将一张颜色鲜艳的图像进行调整，令其变成褐色的复古效果。具体操作步骤如下。

① 启动 Photoshop CS5，打开需要编辑的图像文件，在菜单栏中选择"图像"→"调整"→"色彩平衡"命令，如图 8-8 所示。

图 8-8　选择菜单命令

② 打开"色彩平衡"对话框，在对话框中设置"色彩平衡"组中通过滑动"青色"、"洋红"、"黄色" 3 个色彩条（或者直接在"色阶"文本框中输入数值）来调整图像颜色，如图 8-9 所示。

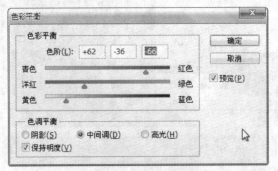

图 8-9　设置色彩平衡值

③ 设置完成后，单击"确定"按钮，即可调整图像颜色，将图像调整为褐色复古感，如图 8-10 所示。

图 8-10　完成色彩调整

3. 替换局部色彩

在我们处理图像的时候，往往会遇到一种情况，就是需要更改图像上某一局部的颜色，下面的实例将介绍如何将图像上的蓝色宝石变成红色宝石。具体操作步骤如下。

① 启动 Photoshop CS5，打开需要编辑的图像文件，在菜单栏中选择"图像"→"调整"→"替换颜色"命令，如图 8-11 所示。

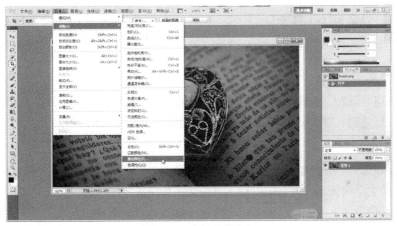

图 8-11　选择菜单命令

② 打开"替换颜色"对话框，在"选区"组中选择需要替换的颜色，在"替换"组中设置更换的颜色，如图 8-12 所示。

图 8-12　"替换颜色"对话框

③ 设置完成后单击"确定"按钮，即可替换图像上宝石的颜色，效果如图 8-13 所示。

图 8-13　完成色彩替换

实验三　图层的应用

一、实验目的

- 理解图层的概念，掌握图层的创建方法和技巧。
- 掌握图层复制、删除、移动和合并的方法和技巧。

二、相关知识

图层是 Photoshop CS5 的重要概念，图层技术是学习 Photoshop CS5 必须掌握的核心技术之一。图层就像是含有文字或图形等元素的胶片，一张张按顺序叠放在一起，组合起来形成页面的最终效果。图层可以将页面上的元素精确定位，也可以加入文本、图片、表格、插件，还可以在里面再嵌套图层。

三、实验步骤

1. 创建图层

在使用图层功能的时候，首先要学会创建图层。创建图层有多种方法，我们可以根据使用的情况来自己决定。

方法一：单击"图层"调板底部的"创建新的图层"按钮 ，可以快速创建具有默认名称的新图层，图层名依次为图层 1、图层 2、图层 3 等，如图 8-14 所示。

方法二：通过"新建图层"对话框新建。

① 选择"图层"→"新建"→"图层"菜单命令，如图 8-15 所示。

② 在打开的"新建图层"对话框中，在"名称"文本框中输入新图层的名称，在"颜色"下拉列表框中选择图层的颜色，在"模式"下拉列表框中设置图层样式，在"不透明度"数值框中设置图层透明度，以及进行是否建立图组的设置，如图 8-16 所示。

图 8-14　新建图层

图 8-15　选择菜单命令

图 8-16　"新建图层"对话框

③ 单击"确定"按钮，完成新图层的创建。

方法三：将选区转换为图层。

① 打开一个图像文件，在图像文件中创建一个选区，如图 8-17 所示。

图 8-17　创建选区

② 选择"图层"→"新建"→"通过拷贝的图层"（或"通过剪切的图层"）菜单命令，如图 8-18 所示。

图 8-18　选择菜单命令

③ 操作之后，即可创建通过拷贝的图层，如图 8-19 所示。

图 8-19　创建新图层

方法四：将背景转换为图层。

① 打开一个图像文件，选择"图层"→"新建"→"背景图层"菜单命令，如图 8-20 所示。

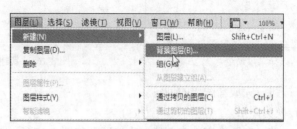

图 8-20　选择菜单命令

② 打开"新建图层"对话框，在对话框中设置图层的名称、颜色、图层样式和透明度，如图 8-21 所示。

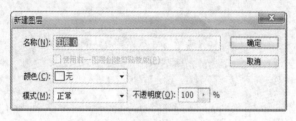

图 8-21　设置"新建图层"对话框

③ 单击"确定"按钮，即可将背景图层转换为一般图层，如图 8-22 所示。

方法五：新建文本图层，直接在图像中输入文字，PhotoshopCS5 将会自动在当前图层之上创建一个文本图层，如图 8-23 所示。

图 8-22　将背景转换为图层

图 8-23　新建图层

2. 复制图层

复制图层主要有两种方法，具体操作步骤如下。

方法一：直接复制。将要复制的图层拖曳到"图层"调板底部的"创建新的图层"按钮 上，复制的图层以原有的图层副本形式出现，如图 8-24 所示。

方法二：通过"复制图层"对话框复制。

① 打开一个图像文件，选择"图层"→"复制图层"菜单命令，如图 8-25 所示。

图 8-24　复制图层　　　　　　　　　　　　图 8-25　选择菜单命令

② 在打开的"复制图层"对话框中的"为"文本框中输入图层的名称，在"文档"下拉列表框中选择新图层要放置的图层文档，如图 8-26 所示。

③ 操作之后，单击"确定"按钮，完成图层的复制，如图 8-27 所示。

图 8-26　"复制图层"对话框　　　　　　　图 8-27　创建新图层

3. 删除图层

删除图层主要有两种方法，具体操作步骤如下。

方法一：直接删除。将要删除的图层拖曳到"图层"调板底部的"删除图层"按钮 🗑 上，即可删除图层。

方法二：通过对话框删除图层。

① 在"图层"调板中选择要删除的图层，选择"图层"→"删除图层"菜单命令，如图 8-28 所示。

② 在打开的提示框中单击"是"按钮，即可删除图层，如图 8-29 所示。

图 8-28　选择菜单命令　　　　　　　　　图 8-29　"删除图层提示框

4. 移动图层

移动图层的操作比较简单，在"图层"调板中按住鼠标左键拖动到目标图层位置释放即可。如果是移动图层中的图像，在工具箱中选择"移动"工具，拖动图像或按键盘上的方向键即可。

5. 合并图层

合并图层就是将两个或两个以上的图层合并到一个图层里，主要方法有以几种：

方法一：向下合并图层。

向下合并图层就是在调板中将当前图层与它下面的第一个图层进行合并，其方法是在"图层"调板中单击一个图层，选择"图层"→"向下合并"菜单命令，将当前图层中的内容合并到它下面的第一个图层中。

方法二：合并可见图层。

合并可见图层就是将"图层"调板中所有的可见图层合并成一个图层，其方法是选择"图层"→"合并可见图层"菜单命令。

方法三：拼合图层。

拼合图层就是将"图层"调板中所有可见图层进行合并，而隐藏的图层将被丢弃，其方法是选择"图层"→"拼合图层"菜单命令。

实验四　对图像进行特效处理

一、实验目的

- 掌握滤镜的基本使用方法。
- 掌握滤镜中效果参数的调整、设置方法和技巧。

二、相关知识

Photoshop 的图片特效处理功能大部分是通过滤镜来实现的，滤镜在 Photoshop 中具有非常神奇的作用。滤镜的操作非常简单，但是真正用起来却很难恰到好处。滤镜通常需要同通道、图层等联合使用，才能取得最佳艺术效果。如果想在最适当的时候应用滤镜到最适当的位置，除了平常的美术功底之外，还需要用户对滤镜的熟悉和操控能力，甚至需要具有很丰富的想象力，才能有的放矢地应用滤镜，发挥出艺术才华。

滤镜有内置和外置之分，内置滤镜在软件安装的时候就被安装到计算机中，在软件安装目录下，有一个 "Plug-ins" 的文件夹，此文件夹即为 Photoshop 所有的滤镜。也可以通过网络下载外置滤镜并安装在这个文件夹中，只要版本与 Photoshop 的版本兼容，就可以在 Photoshop 中使用。

三、实验内容

1. 模糊处理

将正常图像文件进行模糊处理，其具体操作步骤如下。

① 启动 Photoshop CS5，打开需要编辑的图像文件，在菜单栏中选择"滤镜"→"模糊"→"动感模糊"命令，如图 8-30 所示。

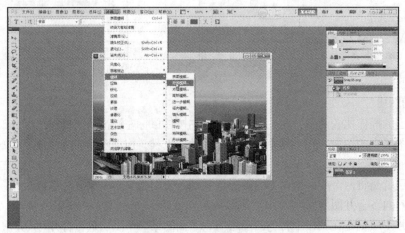

图 8-30　选择菜单命令

② 在打开的"动感模糊"对话框中设置模糊的具体数值,然后单击"确定"按钮,如图 8-31 所示。

图 8-31 "动感模糊"对话框

③ 单击"确定"按钮后,即可对图像进行模糊处理,如图 8-32 所示。

图 8-32 模糊图像文件

④ 除了上述的"动感模糊"选项,在"模糊"菜单中还有其他一些模糊选项,如图 8-33 所示,不同的模糊选项可以制作不同的模糊效果。

图 8-33 "模糊"菜单的选项

2. 扭曲处理

将图像文件进行极坐标的扭曲处理,其具体操作步骤如下。

① 启动 Photoshop CS5,打开需要编辑的图像文件,在菜单栏中选择"滤镜"→"扭曲"→"极坐标"命令,如图 8-34 所示。

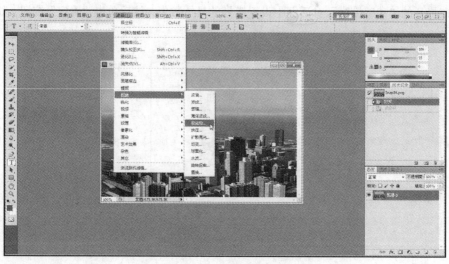

图 8-34　选择菜单命令

② 在打开的"极坐标"对话框中，选择"平面坐标到极坐标"单选钮，然后单击"确定"按钮，如图 8-35 所示。

③ 单击"确定"按钮后，即可对图像进行模糊处理，如图 8-36 所示。

图 8-35　设置"极坐标"对话框

图 8-36　极坐标扭曲图像

④ 除了上述的"极坐标扭曲"选项，在"扭曲"菜单中还有其他一些扭曲选项，如图 8-37 所示，不同的扭曲选项可以制作不同的扭曲效果。

图 8-37　"扭曲"菜单的选项

一、实验目的

- 综合掌握图层、工具的使用方法。
- 掌握 Photoshop CS5 的高级使用技巧。

二、相关知识

合成图像是通过图层的叠加来完成的，从图像操作窗口观察合成情况，把众多图层叠加到一起，为了上面图层不遮挡下面的图层，需要很多方法来解决这个问题，如通过去背景、抠图、蒙版、通道、透明、半透明、局部透明等各种方法来实现。为了增加特殊效果还可以对每个层施加滤镜，也可以对文字施加样式特效。图像合成就像在一张透明的玻璃纸上，放进去一张图像，再擦除不需要的部分，之后在上面再放一个玻璃纸，再放进一张图像，再进行处理，不需要的可以遮住，需要的就不遮住，合成的图像就是这样由许多张图片一张一张叠加来完成的。

三、实验步骤

将风景图像与雷电图像进行合成，制作带闪电的风景图。具体操作步骤如下。

① 启动 Photoshop CS5，打开两张带合成的图像文件，如图 8-38 所示。

图 8-38　打开素材图像

② 选择工具箱中"移动工具"按钮，将闪电图像移至风景图像窗口中，按 Ctrl+T 组合键，打开自由变换调整框，适当调整其大小和位置，如图 8-39 所示。

图 8-39　移动素材图像

③ 设置"图层 1"的"混合模式"为"滤色",如图 3-40 所示。

图 8-40　设置图层混合模式

④ 在自由变换框内单击鼠标右键,在弹出的快捷菜单中选择"水平翻转"命令,如图 8-41 所示。在"图层"面板中设置"图层 1"的"不透明度"为"80%",如图 8-42 所示。

图 8-41　选择"水平翻转"　　　　　图 8-42　设置"不透明度"

⑤ 在工具箱中选择"移动工具"按钮 ,调整闪电图像的位置,完成操作后的效果,如图 8-43 所示。

图 8-43　完成图像的合成操作

对图像进行美化处理

一、实验目的

- 掌握部分滤镜及其参数的设置方法和技巧。
- 掌握图层叠加、透明度的设置方法和技巧。

二、相关知识

图像美化，即用计算机对图像进行处理，首先数字图像美化处理技术可以帮助人们更客观、准确地认识世界，人的视觉系统可以帮助人类从外界获取 3/4 以上的信息，而图像、图形又是所有视觉信息的载体，尽管人眼的鉴别力很高，可以识别上千种颜色，但很多情况下，图像对于人眼来说是模糊的甚至是不可见的，通过图像增强技术，可以使模糊甚至不可见的图像变得清晰明亮。另一方面，通过数字图像处理中的模式识别技术，可以将人眼无法识别的图像进行分类处理。通过计算机模式识别技术可以快速准确地检索、匹配和识别出各种东西。图像美化处理技术已经广泛深入地应用于国计民生休戚相关的各个领域。在计算机中，按照颜色和灰度的多少可以将图像分为二值图像、灰度图像、索引图像和真彩色 RGB 图像四种基本类型。大多数图像处理软件都支持这四种类型的图像。

三、实验步骤

通过软件将一张积雪的风景画处理成大雪正在漫天飞舞的效果，其操作步骤如下。

① 启动 Photoshop CS5，打开需要处理的图像，如图 8-44 所示。

图 8-44　打开素材图像

② 在"图层"面板的下方单击"创建新图层"按钮　新建图层，如图 8-45 所示。

图 8-45　新建图层

③ 选择"编辑"→"填充"菜单命令，在打开的"填充"对话框中选择"50%灰色"选项，如图 8-46 所示。

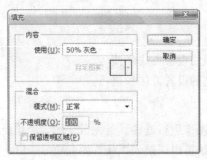

图 8-46　填充图层

④ 单击"确定"按钮，填充当前图层，如图 8-47 所示。

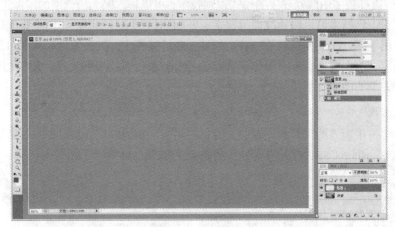

图 8-47　填充图层

⑤ 选择"滤镜"→"素描"→"绘图笔"菜单命令，在打开的"绘图笔"对话框中设置各选项值，如图 8-48 所示。

⑥ 选择"选择"→"色彩范围"菜单命令，在打开的"色彩范围"对话框中选择"高光"选项，如图 8-49 所示。

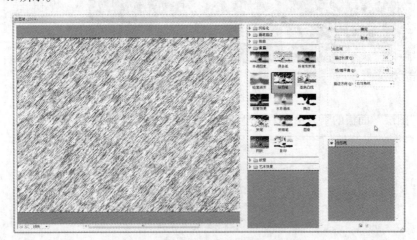

图 8-48　设置"绘图笔"对话框中的参数

图 8-49　在"色彩范围"对话框中选择"高光"选项

⑦ 单击"确定"按钮后，按 Backspace 键清除选区内容，如图 8-50 所示。

图 8-50　清除选区内容

⑧ 选择"选择"→"反向"菜单命令，选择图像中相反的像素，然后选择"编辑"→"填充"菜单命令，在打开的"填充"对话框中选择填充"白色"选项，单击"确定"按钮填充选区，如图 8-51 所示。

图 8-51　填充反向选区

⑨ 按 Ctrl+D 组合键取消选区，在"图层"面板中设置"不透明度"为"60%"，效果如图 8-52 所示。

图 8-52　处理效果

实验七　制作特效文字

一、实验目的

- 掌握文字工具的使用方法。
- 掌握图层样式的使用方法和技巧。

二、相关知识

通过"文字工具"可以在图层上重建文字图层，此时的文字是以前景色为颜色。文字输入后可以对其大小、字体、段落等进行调整。Photoshop CS5 支持从 Windows 7 中调用字体，我们可以将从网上下载的优美字体放置在"控制面板"中的"字体"文件夹中，重新打开 Photoshop CS5 就可调用相关的字体。

三、实验步骤

制作一组拥有彩虹般的七彩文字，具体操作步骤如下。

① 启动 Photoshop CS5，新建一张空白画布，在工具箱中选择"文字工具"按钮 T，在画布上输入文字，如图 8-53 所示。

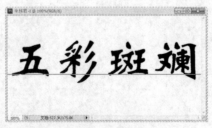

图 8-53　输入文字

② 在"图层"面板上选择文字图层，单击鼠标右键，在弹出的快捷菜单中选择"混合选项"选项，如图 8-54 所示。

③ 在打开的"图层样式"对话框中选择"渐变叠加",如图 8-55 所示。

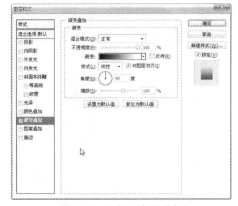

图 8-54 选择"混合选项"　　　　　　　　图 8-55 选择"渐变叠加"

④ 在"渐变"组中单击"渐变"色块,打开"渐变编辑器"对话框,选择"渐变类型",如图 8-56 所示。

⑤ 选择渐变类型后,单击"确定"按钮,回到"图层样式"对话框,如图 8-57 所示。

图 8-56 选择渐变类型　　　　　　　　图 8-57 "图层样式"对话框

⑥ 继续在"图层样式"对话框中选择"投影"选项,如图 8-58 所示。

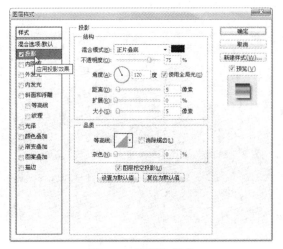

图 8-58 "投影"样式

⑦ 单击"确定"按钮，即可将之前输入的黑色文字处理成五颜六色并且带有阴影效果的特殊文字，如图 8-59 所示。

图 8-59　七彩效果的文字

实验八　制作照片相框

一、实验目的

- 综合掌握选区工具及其参数的设置方法和技巧。
- 掌握"填充"和"描边"选项的使用技巧。

二、相关知识

Photoshop CS5 中为选区填充颜色有好几种方法，如通过"油漆桶"、通过"渐变工具"和使用"编辑"菜单中的"填充"命令，每种命令后面都有很多的设置选项可以根据实际需要来选择使用。

三、实验步骤

为人物照片添加一个相框，具体操作步骤如下。

① 启动 Photoshop CS5，打开一张人物照片，在工具箱中选择"椭圆选框工具"按钮，为人物图像添加一个椭圆形选框，如图 8-60 所示。

图 8-60　创建椭圆选区

② 按 Ctrl+Shift+I 组合键执行"反选"命令，选择"选择"→"修改"→"羽化"菜单命令，在打开的"羽化选区"对话框中设置"羽化半径"为 5 像素，如图 8-61 所示。

图 8-61　反选并羽化操作

③ 单击"确定"按钮，按 Ctrl+Delete 组合键为选区填充背景色，如图 8-62 所示。

图 8-62　填充选区

④ 选择"编辑"→"描边"菜单命令，在打开的"描边"对话框中设置各选项参数，如图 8-63 所示。

图 8-63　设置描边参数

⑤ 单击"确定"按钮，按 Ctrl+D 组合键取消选区，如图 8-64 所示。

图 8-64　为照片添加相框